KB007006

나만의 커피 레시피 북

집에서 만드는 50가지 커피와 에스프레소 음료

나만의 커피 레시피 북

다니엘 랭커스터 지음 | **이윤정** 옮김

시그마북스
Sigma Books

나만의 커피 레시피 북

발행일 2021년 1월 4일 초판 1쇄 발행
지은이 다니엘 랭커스터
옮긴이 이윤정
발행인 강학경
발행처 시그마북스
마케팅 정제용
에디터 최윤정, 장민정, 최연정
디자인 김문배, 강경희

등록번호 제10-965호
주소 서울특별시 영등포구 양평로 22길 21 선유도코오롱디지털타워 A402호
전자우편 sigmabooks@spress.co.kr
홈페이지 http://www.sigmabooks.co.kr
전화 (02) 2062-5288~9
팩시밀리 (02) 323-4197
ISBN 979-11-90257-95-4 (02590)

파본은 구매하신 서점에서 교환해드립니다.

* 시그마북스는 (주) 시그마프레스의 자매회사로 일반 단행본 전문 출판사입니다.

서문

지금 이 책을 읽고 있는 당신은 인생 어느 지점에서든 '그 콩'을 만나본 적이 있는 사람이다. 우리가 아침에 잠에서 깨어나고 하루를 살아내기 위해 의지하는 갈색 콩 말이다. 물론 강낭콩이 아니라 커피콩이다.

나는 매일 아침 클래식한 커피포트에서 아버지의 '커피 잔' 속으로 들어가는 폴저스 커피의 형태로 처음 커피콩을 만났었다. 맛은 형편없고 냄새는 고약한데다가 키 크는 데 방해까지 된다고 하니 나는 마치 전염병이라는 되는 양 커피를 피해 다녔다. 하지만 여름이면 향이 첨가된 아이스커피를 마시지 않고는 못 배기는 엄마 덕분에, 고3이 되고 나서 커피에 대한 생각이 바뀌기 시작했다. 커피를 처음 마시는 사람의 입장에서 크림과 설탕은 커피의 쓴맛을 엄청나게 특별한 맛으로 바꾸어주는 뭔가가 있다. 시간이 지나면서 시험과 과제가 쌓이기 시작했고 원두에 대한 관심도 커져갔다. 학교를 졸업할 무렵이 되자 커피를 즐기는 수준까지 이르렀지만, 수년 이후 커피에 중독된 걸 보면 이것은 서막에 불과했다.

대학교 1학년 때 한 선배의 기숙사 방에 앉아 선배가 팔자수염을 섬세하게 다듬고, 원두의 무게를 밀리그램 단위까지 잰 다음, 구즈넥 주전자로 과학 실험에 쓰일 법한 모양의 커피 추출 기구에 물을 따르는 모습을 지켜보았다. 선배는 내게 깜짝 놀랄 거라며, 자신이 만든 "예술 작품"에 크림이나 설탕을 넣지 말라고 했다. 그는 옳았다.

나는 커피 추출(브루잉) 기술을 마스터하기 위해 커피·장비에 대한 정보와 각종 도구를 모으기 시작했다. 그러다가 입수한 정보를 소셜미디어로 공유하는 것에 집착하게 되었는데, 이것이 모여 더 나은 커피를 만드는 데 특화된 웹사이트, coffeemadebetter.com이 탄생했다. 이곳에 글을 쓰면서 커피 세계의 다양한 측면을 탐구했고, 이제 배운 것을 공유할 준비가 되었다.

당신이 갈색 콩이라는 이 단순한 존재의 예술과 아름다움을 이해할 수 있게 도우려 한다. 나는 삶에서 가장 아름다운 것들이 때로는 가장 평범한 아니, 많은 경우 세상에서 가장 추한 것에서 나올 수 있다는 사실을 깨달았다. 흙을 예로 들어보자. 흙은 부패 물질이 가득한 갈색 물질로 우리가 매일 발로 밟는 존재다. 그런데 이 흙이 꽃씨와 만나면 너무나 아름다운 생명체가 탄생한다. 커피도 마찬가지다. 갈색 콩인 상태 그대로 놔둘 수도 있지만, 부지런히 노력해 그 안에 숨어 있는 아름다움과 선물을 발견할 수도 있다. 나는 후자를 택했고 당신도 나와 같은 경험을 할 수 있도록 돕고 싶다.

이 책은 당신이 집에서도 훌륭한 커피를 만들 수 있도록 돕기 위해 쓰였다. 섬세하게 만든 블랙커피 한 잔이든 뜨거운 여름날 마시는 차가운 에스프레소 베이스 음료 한 잔이든, 근처 카페에서 파는 것 못

지않은 음료를 만들 수 있도록 이 책이 당신을 도와줄 것이다.

집에서 커피와 에스프레소를 만드는 데 필요한 다양한 도구를 다루고 있는 장이 있다. 이미 집에 있거나 쉽게 구할 수 있는 기본 장비들을 적절히 이용해, 집에서도 맛있는 커피를 만드는 방법을 배우게 될 것이다. 전문 도구들도 살펴볼 텐데, 반드시 있어야 하는 건 아니지만, 당신의 기술적 역량을 강화해 집에서도 좋은 음료를 만들 수 있게 도와줄 것이다. 여러 장을 통해 각각의 장비와 도구를 어떻게 활용하는지 이해하고 나면 커피를 내릴 때 어떤 것이 필요할지 현명하게 결정할 수 있을 것이다.

그렇다고 해서 이 책이 도구만 설명하는 것은 아니다. 커피를 제조하는 데 필요한 기술에 대해서도 풍부한 조언을 담고 있다. 커피를 만드는 과정은 분쇄한 원두를 자동 드립 머신에 넣고 버튼을 누르는 것만큼 간단할 수도 있다. 그러나 눈에 보이지 않는 수많은 변수들이 색다르고 더 나은 커피를 경험할 수 있도록 할 것이다. 이 책은 당신이 선호하는 방법으로 탁월한 커피와 에스프레소를 만들 수 있도록 도와줄 것이다.

훌륭한 커피와 에스프레소를 만들었다고 하자. 그런데 여기에 우유와 다른 재료 몇 가지만 더 추가하면 멋진 음료를 무궁무진하게 만들 수 있다! 이 책에는 카페오레, 카페라테, 카푸치노와 같은 클래식 커피와 에스프레소부터 솔티드 캐러멜 프라페, 펌킨 스파이스 라테, 에스프레소 마티니 같은 스페셜 음료까지 음료 레시피 50개가 실려 있다. 모든 레시피는 전문 장비와 지식이 없더라도 가장 간단하고 효율적인 방법으로 맛있는 음료를 만들고 싶은 평범한 사람들을 위한 것이다. 도구도 많이 추천하겠지만 음료를 만들기 위해 필요한 기본적인 사항부터 살펴본다.

당신이 커피 세계로 향하는 여정에서 어느 지점에 서 있든지 간에, 이 책은 바로 그 지점에서 당신을 만날 것이고 거기서 앞으로 나아갈 수 있도록 도와줄 것이다. 커피는 진정한 즐거움을 주는 존재다. 이 책을 통해 당신이 이미 사랑하고 있는 '갈색 콩'에 더욱 깊이 빠져들기를 바란다.

차례

제5장 향이 첨가된 라테 093

제6장 냉동 음료와 밀크셰이크 119

제7장 커피 칵테일 143

제1장

기본사항

집에서 커피를 만드는 것은 가치 있는 일이다. 의자나 침대, 소파에 앉아 재미있는 책을 읽으며 마시는 커피를 싫어할 수 없다. 그러나 많은 사람들이 집에서 커피를 만들어 마시기보다는 매년 카페에서 커피를 사느라 상당한 금액을 지불한다. 문제의 근원은 인근 카페에서 만드는 양질의 커피를 집에서는 만들 수 없다고 가정하는 데 있다. 장담하건대 이는 사실이 아니다!

이 장에서는 어떻게 비싼 장비 없이 집에서도 근사한 커피를 만들 수 있는지를 다룬다. 수십만 원을 들여 장비를 업그레이드할 필요도 없고, 이미 가지고 있는 장비만으로도 좋아하는 커피와 에스프레소 음료를 대부분 만들 수 있다. 이 장에서는 본격적으로 커피를 내리기 전에 멋진 커피와 에스프레소를 만드는 데 필요한 기본 도구와 장비를 간략히 살펴본다. 몇 가지 꿀 팁과 기술까지 익히면 근처 카페에서 파는 음료에 견주어도 손색없는 당신만의 커피 음료를 만드는 데 필요한 모든 것을 갖추게 될 것이다.

원두

커피를 볶는 시간, 즉 로스팅 시간은 커피 맛을 결정하는 중요한 요소다. 로스팅하기 전의 생두가 부드러운 녹황색 콩이라는 사실을 알면 놀랄지도 모른다. 이 아무 향도 나지 않는 콩이 로스팅 과정을 거쳐 달콤한 향이나 과일 향, 또는 신맛이 나는 커피로 변하고, 로스팅 시간에 따라 다크 로스트 커피나 쓴 커피, 또는 진한 커피가 되는 것이다.

라이트 로스트(약배전)

로스팅 과정에서 원두의 내부 온도가 섭씨 204도 정도에 이르면 원두가 갈라지기 시작한다. 일반적으로 라이트 로스트는 '처음 갈라지는 단계(first crack)'에 이르지 않은 원두를 말한다. 원두를 오랜 시간 로스팅하는 것이 아니기 때문에 라이트 로스트 원두로 만든 커피는 과일 향과 꽃 향, 산미가 더욱 풍부하다. 시중에서는 '하프시티 로스트'나 '뉴잉글랜드 로스트'라고 한다.

미디엄 로스트(중배전)

미디엄 로스트 커피는 보통 원두의 내부 온도가 약 204도에 도달해 처음 원두가 갈라지기 시작할 때부터, 약 220도에 도달해 2차로 갈라지기 직전까지 볶은 커피를 말한다. 라이트 로스트 커피와 비교하면 한층 더 부드럽고 약간의 쓴맛이 가미되어 균형 잡힌 맛을 내는 커피다. '시티 로스트'나 '브렉퍼스트 로스트'라고 한다.

다크 로스트(강배전)

다크 로스트 커피는 원두의 내부 온도가 약 240도에 도달해 원두가 2차로 갈라질 때부터 상하기 직전까지 로스팅한 커피다. 로스팅 과정에서 커피콩 내부에 있던 기름이 밖으로 나오면서 생기는 반짝이는 윤기는 다크 로스트 원두의 눈에 띄는 특징이다. 스모키한 맛, 쓴맛, 탄맛이 난다. 시중에서는 '프렌치 로스트' 또는 '이탈리언 로스트'라고 한다.

재미 있는 사실 **미국은 커피에 홀딱 빠져 있다! 미국인이 하루에 소비하는 커피가 4억 잔이라는 사실을 알고 있는가? 일 년으로 치면 1,460억 잔에 해당한다! 미국의 인구가 겨우 3억 2천 900만 명이라는 사실을 감안하면 미국은 커피에 약간 집착하고 있는 것일지도 모른다.**

그라인더

원두를 직접 분쇄할지, 분쇄된 원두를 살지는 커피를 추출할 때 결정해야 하는 중요한 요소 중 하나다. 커피의 신선함을 최상으로 유지하려면 분쇄되지 않은 원두를 사는 것이 더 좋은데, 커피 원두의 세포가 산소에 노출되면 커피 향들 사이에 상호 작용과 산화 작용이 일어나기 때문이다. 분쇄가 시작되면 이 산화 작용으로 인해 15분 이내에 향과 풍미가 60% 정도 소실된다. 분쇄된 원두를 사고 싶다면 그렇게 해도 괜찮지만, 직접 분쇄해 보고 싶다면 여기 그라인더에 대한 정보를 참고하면 된다.

버 그라인더

버 그라인더(BURR GRINDERS)는 '버(burr)'라고 하는 분쇄 날 두 개가 원두를 분쇄하도록 구성되어 있다. 날 하나는 고정되어 있고 다른 날은 돌면서 원두를 분쇄한다. 이런 분쇄 방법 덕분에 원두의 크기가 균일하게 분쇄된다. 일반적으로 버 그라인더는 두 날 간의 거리를 조절할 수 있어 원두를 거칠게 갈거나 미세하게 가는 등 원하는 크기로 갈 수 있다. 저가품이라도 일반적으로 블레이드 그라인더보다 비싼 편이다.

블레이드 그라인더

블레이드 그라인더(BLADE GRINDERS)는 프로펠러식으로 달린 날 하나가 회전하면서 원두를 분쇄한다. 일반적으로 버 그라인더보다 저렴하고 분쇄 속도가 빠르다. 하지만 원두 입자가 항상 고르게 분쇄되지는 않는다는 단점이 있어, 원두가 일부는 거칠고 일부는 미세하게 갈릴 수도 있다. 원두 입자의 크기가 균일하지 않으면 문제가 되는데, 추출된 커피에서 균일하지 않은 이상한 맛이 나기 때문이다. 거친 원두 입자보다 고운 원두 입자일수록 커피를 추출할 때 향미가 빨리 사라지고 쓴맛이 난다.

추출 기구별 분쇄도

커피를 내릴 때 사용하는 추출 기구에 따라 원두를 얼마나 거칠게 또는 곱게 가는 게 좋은지, 적합한 분쇄 정도가 달라진다. 다음은 다양한 추출 방법에 어울리는 분쇄도를 정리한 표다.

적절한 분쇄도	커피 추출 기구
아주 미세하게	체즈베 커피메이커(터키식 커피포트)
미세하게	모카포트/스토브탑 에스프레소, 에스프레소 머신, 에어로프레스(기호에 따라 중간 미세한 크기도 괜찮음), 커피 커핑(cupping)
중간 미세하게	V60푸어오버, 칼리타 웨이브 푸어오버, 보나비타 드리퍼
중간	사이폰/진공 커피포트, 드립 머신
중간 거칠게	케멕스, 클레버 드리퍼
거칠게	프렌치 프레스, 퍼콜레이터
아주 거칠게	콜드 브루, 카우보이 커피

필터

필터는 커피를 내리는 데 필수적인 도구로 당신이 원하는 기분 좋은 풍미만 잔에 남기고 찌꺼기는 걸러주는 역할을 한다. 필터에 종류에 따라 원두가 더 또는 덜 여과되며, 각각의 필터 모두 장단점이 다르다.

종이

종이 필터는 가격이 저렴하고 가장 많은 양의 커피 기름과 입자를 걸러내 깔끔하고 생기 있는 맛을 낸다. 따라서 분쇄된 커피에 물을 붓는 푸어오버 방식(pourover method)으로 커피를 만들 때 가장 많이 사용하는 필터다. 한 가지 단점은 흙냄새가 나거나 종이 맛이 느껴질 수 있다는 것이다. 이를 최소화하는 방법은 커피를 추출하기 전에 필터를 물로 헹구는 것이다. 종이 필터는 일회용이라서 환경오염을 줄이기 위해 천 필터나 금속 필터를 선호하는 사람도 있다.

천

천 필터는 사이폰 커피포트를 사용할 때를 제외하면 흔히 쓰이지는 않는다. 물만 통과할 수 있을 정도로 얇은 섬유로 만들어졌다. 다량의 커피 침전물이 통과하지 못하기 때문에 깨끗하면 훌륭한 필터가 될 수 있다. 여러 번 사용하고 나면 커피에서 젖은 양말 냄새가 나는 경우도 있는데, 이는 당연히 바람직하지 않다.

금속

프렌치 프레스나 푸어오버 방식으로 커피를 추출할 때 가장 일반적으로 사용하는 필터다. 종이 필터나 천 필터에 비해 통과되는 커피 입자가 크기 때문에 커피 잔 바닥에 침전물이 생기는 경우가 많다. 다양한 기름 성분과 미세한 커피 입자로 구성된 침전물은 호불호가 갈리는 크리미하고 진한 맛을 낸다.

COFFEE BREAK! 커피의 역사와 연표

기원전 850년 어떤 나무에서 떨어진 빨간 열매를 먹고 이상한 행동을 하는 염소들을 본 에티오피아 목동이 커피콩을 발견했다. 전설에 따르면, 목동이 근처 수도원에 있는 수도승에게 열매를 보여주었는데, 열매가 악마에게서 왔다고 생각한 수도승이 열매를 불 속에 던져버렸다고 한다. 그러자 갓 구워진 열매에서 기분 좋은 향이 났고, 둘은 열매를 활용할 방법을 찾았다. 그러던 중 열매를 쪼개 물과 섞으면 힘을 북돋아주는 맛있는 음료가 된다는 사실을 발견했다!

1000년 철학자 이븐 시나의 소설이 커피를 묘사한 최초의 소설로 기록되었다.

1454년 종교 활동을 위한 공간이기도 했던 최초의 커피하우스, 카베 카네스가 설립되었다.

1511년 메카에서 시민들이 커피하우스에 모여 정치 현안에 관한 토론을 벌였다. 이러한 모임에서 생성되는 영향력을 두려워한 메카의 총독이 커피를 금지하고 커피하우스를 폐쇄시켰다.

1570년 커피가 베니스에 전해졌고, 베니스에서 전 세계로 퍼져나갔다.

1800년대 폴저스와 맥스웰하우스 같은 기업들이 성장하면서 전 세계에서 커피 소비가 급증했다.

1884년 안젤로 모리온도가 세계 최초 에스프레소 머신으로 특허를 받았다.

1908년 밀리타 벤츠가 커피 필터로 특허를 받았다.

1971년 커피의 품질을 높이는 데 집중한 스타벅스가 시애틀에서 1호점을 열고 커피의 '두 번째 물결'을 주도했다.

1982년 고품질 커피 시장의 혁신을 촉진하고 지원하기 위해 스페셜티 커피 협회가 설립되었다.

2002년 생산에서 추출까지 커피를 만드는 전 과정에서 쏟는 정성 때문에 커피 노동자들을 장인에 비유한 렉킹 볼 커피 로스터스의 트리쉬 로스갭이 '세 번째 물결'이라는 신조어를 만들었다.

현재 미래 커피 시장의 판도를 바꿀 스페셜티 커피와 스페셜티 커피 제조에 대한 관심이 커지고 있다.

커피 추출 기구

집에서 훌륭한 커피와 에스프레소를 만드는 데 사용할 수 있는 다양한 기구가 있다. 간단히 사용할 수 있는 기구도 있는 반면 기능이 복잡한 기구도 있다. 이 장에서는 인기 있는 기구들을 살펴보고 적절한 사용법도 알아본다.

자동 드리퍼(커피 메이커)

신속하게 클래식 커피 한 잔을 만들 때 미국 전역에서 일반적으로 사용하는 커피 추출 기구다. 대부분의 가정에 하나씩 구비되어 있으나 잘 사용하지 않는 기구이기도 하다. 미스터 커피가 제작한 최초의 자동 드립 추출 기구는 1972년에 출시되었다. 1974년까지 미국에서 팔린 커피 메이커 천만 대 중 절반이 이 자동 드립 추출 기구였다.

이 기구는 일종의 가족 전통처럼 지금까지도 커피를 만드는 클래식한 방법이 되었다. 커피가 유리병 안으로 천천히 떨어질 때 보글보글 거리는 드립 머신의 소리만큼 달콤한 소리도 없는데, 이 기구 하나면 모든 식구가 마시기에 충분한 커피를 내릴 수 있다.

분쇄된 원두와 물을 기계에 넣고 시작 버튼을 누르기만 하면 되기 때문에 바쁜 이들에게 커피를 만드는 가장 손쉬운 방법임이 틀림없다! 5분 정도가 지나면, 커피 한 주전자가 완성된다! 거의 어디서든 구할 수 있고, 원하는 기능에 따라 1만 원대부터 시작해 가격대가 다양하다는 점 역시 장점이다. 중고도 괜찮다면, 중고 할인 판매점이나 중고 거래를 통해 저렴한 가격에 다양한 제품을 찾을 수 있다.

적합한 사용자

자동 드리퍼는 커피를 대량으로 추출하는 데 가장 적합한 기구다. 대부분 한 번에 최소 10~12잔 또는 그 이상의 커피를 수 분 만에 추출할 수 있다. 또한 자동이기 때문에 기구를 작동시켜놓고 커피가 추출될 때까지 딴짓을 해도 상관없다. 수동식 푸어오버를 흉내낼 수 있는 수십만 원짜리 자동 드리퍼가 아닌 이상 아주 질 좋은 커피를 만들지는 못한다는 점이 유일한 단점이다. 저가로 나온 모델은 물의 온도와 드립 속도를 조절하지 못하는 상태에서, 분쇄된 원두에 물을 들이 붓는 수준이기 때문에 커피가 타고 과소 추출되어 커피 맛이 아쉬운 경우가 많다.

수동식 푸어오버

스페셜티 커피에 입문하면서 수동식 푸어오버를 모르고 있었다면 태만한 것이다. 이 커피 추출 방식이 처음 개발된 건 1908년이지만, 최근 들어 전 세계 커피숍과 가정에서 스페셜티 커피를 추출하는 가장 인기 있는 방식이 되었다. 푸어오버는 말 그대로 원뿔 모형의 종이 필터나 금속 필터에 커피 원두를 넣고 그 위에 뜨거운 물을 들이 붓는 방식이다. 가장 대중적인 푸어오버 기구는 케멕스와 하리오 V60 드리퍼다.

케멕스는 화학자인 피터 슈롬봄 박사가 발명했다(케멕스라는 이름은 화학자를 뜻하는 chemist에서 유래했다). 시각적으로 디자인이 아름답고, 비다공성 유리를 사용해 유리병의 향을 커피에 전가하지 않고 커피를 추출할 수 있어 인기가 급상승했다.

하리오 V60은 디자인이 케멕스와 유사하지만 머그잔 위에 올려 커피를 내리는 방식으로 사용이 간편하고 휴대성이 좋다. 수동식 푸어오버 기구의 평균적인 가격은 플라스틱으로 된 저가품의 경우 1만 원대에서, 유리로 된 케멕스 커피포트와 같은 고가 제품은 10, 20만 원대 정도로 다양하다.

커피 애호가들 사이에서 푸어오버 방식이 큰 인기를 얻은 이유는, 바리스타가 커피를 추출하는 과정에서 통제할 수 있는 요소가 많기 때문이다. 원하는 속도와 드립 패턴으로 물을 부어 최적의 조건에서 커피를 뽑아낼 수 있다

적합한 사용자

생기 있는 향미를 풍기는 고품질의 커피를 내리려면 푸어오버 기구가 적합하다. 푸어오버 기구는 원두에서 단맛과 섬세한 향미를 추출하는, 그 어느 기구와 견줄 수 없는 고유 기능을 가지고 있다. 작동법을 익히는 게 약간 어렵고 처음 추출한 커피 몇 잔은 맛이 균일하지 않을 수도 있다. 하지만 일단 사용 방법만 제대로 익히고 나면 균일한 맛이 나는 부드럽고 깔끔한 커피를 내릴 수 있다. 주의할 점은 커피를 대량으로 추출하는 데는 적합하지 않다는 것이다. 대량으로 추출할 수 있는 케멕스 모델이 있긴 하지만 일반적인 기구로는 한 번에 1~2잔 정도만 가능하고, 커피를 내리는 데만 집중해야 양질의 커피를 추출할 수 있다. 기꺼이 시간과 노력을 들일 의향이 있다면 그럴 만한 가치가 충분히 있는 방식이다.

프렌치 프레스

자동 드리퍼를 제외하면 프렌치 프레스가 집에서 커피를 내릴 때 사용하는 가장 대중적인 방식인데, 여기에는 그럴 만한 이유가 있다. 프렌치 프레스로 내린 커피의 맛은 거의 보장되는 수준이기 때문에, 초보자도 접근하기가 쉽다. 분쇄된 원두에 뜨거운 물을 붓고 3~4분 정도 기다렸다가 금속 필터를 눌러 원두를 바닥 쪽으로 밀어준다. 침출식은 1800년대 한 프랑스 남자가 물이 끓을 때까지 커피 가루를 포트에

넣는 것을 깜빡 잊는 바람에 탄생했다고 한다. 이미 끓고 있는 물에 커피 가루를 넣자 가루가 물 위로 둥둥 떠올랐다. 소중한 커피를 낭비하고 싶지 않아 금속 망과 막대로 물 위에 뜬 원두를 포트 밑바닥으로 밀었더니 근사한 커피 한 잔이 내려졌다.

오늘날 프렌치 프레스는 사용이 편하고 용도가 다양해 인기가 많다. 뜨거운 커피뿐 아니라 콜드 브루, 차, 심지어 우유 거품을 만드는 데도 사용할 수 있다! 한가지 단점은 금속 필터의 구멍이 커서 컵 밑바닥에 상당한 양의 침전물이 생길 수 있다는 것이다. 그러나 침전물로 인해 생기는 짙은 맛을 즐기는 사람도 있다. 개인의 선호인 것이다. 프렌치 프레스는 온라인이나 시중에서 쉽게 찾을 수 있고 2, 3만 원대 정도면 구입할 수 있다.

적합한 사용자

프렌치 프레스는 향미가 풍부하고 중간 정도의 보디감을 지닌 커피를 즐기면서도, 단순하고 사용자 친화적인 추출 기구를 원하는 이들에게 훌륭한 선택이다. 사용하기 쉽고, 커피가 추출되는 과정을 지켜보지 않아도 되기 때문에 그 동안 다른 일을 해도 된다. 침출식이므로 푸어오버 방식으로 추출한 과일 향과 생동감 있는 풍미를 지닌 커피보다는, 강하고 크리미한 향미가 나는 커피를 만든다. 프렌치 프레스로 내린 커피의 맛은 여러 면에서 눈 내리는 밤 난롯가에 앉아 덮은 포근한 담요가 주는 안락함에 비유할 수 있다.

에어로프레스

에어로프레스는 2005년에 출시되어 커피 추출 기구 중 신참 격이다. 수년 간 1인용 커피 추출 기구를 만드는 방법을 찾아 헤매던 엔지니어가 개발했다. 그 결과로 큰 수고를 하지 않고 비교적 적은 시간을 들여 놀라울 정도로 부드러운 커피 한 잔을 만들 수 있는 기구가 탄생했다. 에어로프레스는 에스프레소와 같은 커피를 만드는 데 가장 많이 사용된다. 기본적으로 침출식 추출 방법이지만 고운 커피 가루를 사용하기 때문에 추출에 걸리는 시간이 짧다. 플런저를 끼우면 에어로프레스 안에 갇힌 공기가 물을 밀어내고, 그 물이 작은 종이 필터를 통과해 컵에 담긴다.

유지비가 적고, 휴대가 간편하며, 사용하기가 쉽다. 크기가 작고 플라스틱으로 되어 있어 여행갈 때 가지고 다니기에 좋다. 온라인이나 시중에서 찾아볼 수 있고 가격은 약 3만 원대 정도다. 한 가지 단점은 1인용 추출 기구이므로 친구들을 초대해 커피를 대접하고 싶다면 좋은 선택은 아니다.

적합한 사용자

에어로프레스는 에스프레소를 내릴 때 쓰는 값비싼 장비가 없어도, 에스프레소 같은 커피를 짧은 시간 안에 만들 수 있어 꾸준히 찬사를 받아왔다. 에어로프레스는 최근 몇 년 동안 인기가 급상승했다. 에어로프레스를 이용해 최고의 에스프레소를 만드는 경쟁을 하는 세계 에어로프레스 챔피언십까지 매년 열리고 있다.

모카포트

모카포트는 1933년 이탈리아의 루이지 디 폰티와 알폰소 비알레띠가 발명해 지금까지도 사용하고 있는 클래식한 커피 추출 기구다. 물이 수증기의 압력을 받아 그 위에 깔아놓은 원두를 통과하는 방식으로 커피가 추출되는 스토브탑 커피메이커다. 값비싼 장비 없이 집에서도 에스프레소를 만들 수 있도록 고안된 기구다. 발명될 당시, 가장 뛰어나면서도 저렴한 추출 기구였다! 오늘날에는 다양한 모카포트를 찾아볼 수 있지만, 그중에서도 열 분배가 효율적인 팔각형 형태로 된 알루미늄 비알레띠가 가장 인기가 많다. 다른 추출 기구에 비해 예전만큼 인기가 높은 건 아니지만, 최근 스페셜티 커피 세계에서 다시 부상하고 있다. 저렴한 가격과 주방 스토브 위에서 보글보글 끓고 있는 모카포트의 미학적인 매력이 세월의 영향을 받지 않는 클래식한 모카포트의 세계로 사람들을 끌어당긴다.

적합한 사용자

가장 사용하기 쉽고, 저렴한 에스프레소 추출 기구라는 점에서 모카포트와 에어로프레스는 경쟁 관계에 있다. 모카포트는 '끈적한'이라고 묘사되기도 하는 풍부한 보디감을 지닌 달콤한 에스프레소를 추출한다. 고급 에스프레소 머신을 살 돈이 없을 경우 훌륭한 선택지다. 또 다른 모카포트의 장점은 작은 크기다. 휴대성이 뛰어나며, 존재만으로도 부엌 전체를 아주 귀엽게 만드는 매력이 있다.

에스프레소 메이커

1900년대 초 이탈리아에서 기원했다. 1920년대에 미국으로 건너왔고, 오늘날에는 사실상 모든 커피숍에서 찾아볼 수 있다. 그러나 우리의 목적은 집에서 커피를 만드는 것이기 때문에, 보통 커피숍에서 쓰는 상업용 에스프레소 기계보다 가정용 기계를 중점적으로 알아볼 것이다. 가정용 에스프레소 기계는 겨우 최근 20년 동안 현실화되었다. 그래서 짐작하겠지만, 기계 한 대에 평균 수십만 원 정도로 가격대가 높다. 에스프레소 메이커는 오로지 에스프레소를 만들기 위한 기계다. 뜨거운 물이 아주 미세하게 분쇄된 커피 가루를 빠르게 통과하면서 에스프레소가 만들어진다. 보통 한 번에 30~60ml 가량의 에스프레소를 뽑아낼 수 있다.

가정용 에스프레소 메이커의 장점은 다양한 에스프레소 음료를 빠르게 만들 수 있다는 점이다. 에스프레소 메이커에 대부분 스팀 우유와 우유 거품을 만드는 기능이 있고, 심지어 원두를 분쇄할 수 있는 기종도 있다. 하지만 가정용보다 비싼 상업용 기계에서 추출하는 것과 같은 품질의 에스프레소를 추출하지는 못하기 때문에, 굳이 값비싼 가정용 에스프레소 메이커를 살 필요는 없다. 게다가 좋은 상태로 유지하려면 정기적으로 유지 보수도 해야 한다.

적합한 사용자

에스프레소를 너무 좋아해 매일 마시는 사람들에게는 딱 맞다. 매일 마시는 음료가 에스프레소 1샷일 수도 있고 에스프레소로 만든 라테, 프라페, 카푸치노일 수도 있다. 에스프레소 기계가 있는 사람들은 대부분 에스프레소가 들어가는 스페셜티 음료를 만드는 데 기계를 사용한다. 에스프레소 메이커의 또 다른 매력은 커피 한 잔을 넘어 다른 멋진 음료들도 만들 수 있다는 점이다.

우유

많은 커피에 스팀 우유나 우유 거품이 들어간다. 스팀 우유는 본질적으로 가열한 우유다. 우유를 데우면 특유의 단맛이 나오면서 약간 두꺼운 질감이 형성된다. 라테 등의 음료에 크리미함을 더해준다. 우유 거품에는 공기가 많이 들어가 있어 덜 끈적하며, 카푸치노 같은 음료에 두꺼운 거품 층을 형성한다.

우유 거품기

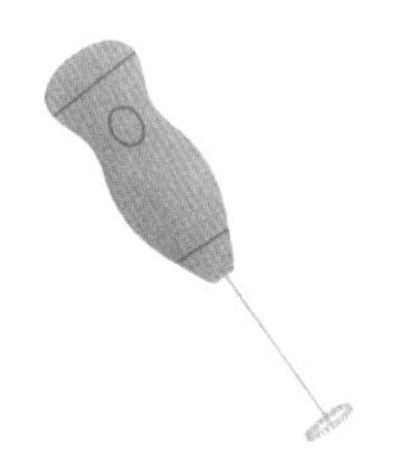

우유 거품기는 우유 거품을 만드는 데 사용하는 비교적 저렴한 도구다. 1만 원 안팎으로 구매할 수 있는 소형 우유 거품기로 카푸치노에 필요한 우유 거품을 집에서 빠르고 쉽게 만들 수 있다.

우유 스팀기

우유 스팀기는 고가의 가정용 에스프레소 메이커에서 많이 찾아볼 수 있고, 스팀 피처가 있어야 사용할 수 있다. 공기를 빠른 속도로 우유에 주입해 우유를 데우면서 동시에 거품을 생성해주어 편리하다. 시간이 절약되고 거품을 내는 동안 우유가 식는 것도 방지해준다. 하지만 거품기보다 가격이 훨씬 비싸서 일반인이 쓰기 쉽지 않다.

우유 대체품

스티밍하거나 거품을 내기 가장 좋은 우유는 일반 우유지만, 그렇다고 일반 우유가 유일한 선택지는 아니다. 두유 역시 크리미한 질감과 두꺼운 거품을 만들기 좋다. 아몬드 밀크를 사용하면 달콤하고 고소한 풍미를 느낄 수 있으나 두꺼운 거품은 잘 형성되지 않는다. 커피 세계에서 새롭게 떠오르는 우유 대체품은 오트 밀크로 아몬드 밀크보다 향이 약하고 거품이 잘 나며, 스티밍도 잘 된다.

제2장

최고의 커피 추출하기

한 잔의 커피를 추출하는 데는 많은 요소가 개입된다. 가장 중요한 요소 중 하나가 바로 앞서 알아본 추출 기구다. 그러나 최종적으로 맛있는 커피를 얻으려면 알맞은 도구를 사용하는 것 이상으로 많은 것이 필요하다. 가장 좋은 그라인더와 푸어오버 기기, 기타 도구를 갖추고 있다 하더라도 적절한 기술이 없으면 지독하게 맛없는 커피가 탄생할 수도 있다. 이 장에서는 커피를 추출할 때 고려해야 하는 가장 중요한 다섯 가지 규칙을 소개한다. 이 다섯 가지 규칙은 어떤 기기를 사용하든 항상 유효하고, 집에서 맛있는 커피를 내릴 수 있는 방법을 알려줄 것이다.

말해줄 수 있는 방법과 기술이 수백 가지도 넘지만, 그중 이 다섯 가지 규칙은 당신을 돋보이게 해주고, 당신의 커피를 내리는 수준과 관련 지식, 또는 갖고 있는 기구와는 상관없이 가장 유익할 것이다.

일단, 이 다섯 가지 규칙을 따르지 않는다고 해서 맛있는 커피를 만들 수 없는 것은 아니라는 점을 분명히 해두고 싶다. 나는 이 규칙을 지키지 않고도 아주 맛있는 커피를 내릴 수 있다. 이 규칙은 당신이 멋진 커피를 내릴 가능성을 높여줄 이정표가 되어줄 것이다.

규칙 1 좋은 원두를 고른다

좋은 원두를 고르는 것은 규칙 중에서도 가장 중요한 규칙이다. 당신이 커피 원두에서 가능한 한 최고의 향미를 추출할 수 있도록 돕는 게 이 책의 목적인데, 애초에 향미가 좋지 않은 원두를 사용한다면… 문제가 있다. 사는 지역과 예산을 고려해 구할 수 있는 가장 품질이 좋은 커피 원두로 여정을 시작해라. 다음은 좋은 커피 원두를 고를 때 주의해야 할 점이다.

로스팅 날짜

가능한 한 최근에 로스팅한 원두를 구입해라. 최근에 로스팅한 원두일수록 맛이 좋다. 세상에서 가장 비싼 원두를 구하더라도 로스팅한 지 이미 몇 달이 지난 상태라면, 원래 얼마나 좋은 원두였든 아무 소용이 없다.

아라비카 원두를 구입한다

매우 중요하다. 원두는 '로부스타'보다 더 품질이 좋고, 달며, 풍미가 균형 잡힌 '아라비카' 품종을 사용하자. 로부스타는 쓴맛이 더 강하고 생기가 덜 하다.

유기농 커피와 일반 커피

이것은 기호에 따라 선택하면 된다. 유기농 커피는 일반 커피에 비해 화학물질에 덜 노출되고, 커피 노동자들의 근무 환경이 더 나은 편이다. 유일한 단점은 일부 고품질 커피의 경우 농약을 어느 정도 사용하지 않으면 잘 자라지 못한다는 사실이다. 그래서 세계에서 가장 뛰어난 커피 중 일부는 유기농 인증을 받지 못하고 있다.

생산지

커피 원두는 전 세계에서 생산되고 있다. 놀라운 점은 브라질에서 재배된 원두와 에티오피아에서 재배된 원두의 맛이 굉장히 다르다는 것이다. 기후, 토양, 고도 등의 지리적 특성은 원두의 향미에 영향을 미친다. 다음 페이지에 있는 표를 보면 각각의 커피 생산지에서 재배되는 원두의 특징을 알 수 있다.

표를 보면 전반적으로 지역별 커피의 맛이 어떻게 다른지 이해하는 데 도움이 될 것이다. 하지만 이 외에도 커피의 맛을 완전히 바꿀 수 있는 변수들은 무수히 많다. 당신이 어떤 커피를 좋아하는지 이해하는 가장 좋은 방법은 가능한 한 많은 종류를 마셔보는 것이다!

생산지	향미의 특징
브라질	달콤하고 쌉쌀한 초콜릿 향, 무거운 보디감
브룬디	초콜릿 향, 과일 향, 바닐라 향
콜롬비아	균형 잡힌 맛, 중간 정도의 보디감, 고소한 향, 단맛
코스타리카	상큼한 향, 감귤 향, 고소한 향, 단맛
에티오피아	딸기 향, 꽃 향, 과일 향, 레몬 향
과테말라	꽃 향, 꿀 향, 스모키 향, 매운 향, 단맛
인도네시아	쓴맛, 흙 냄새, 무거운 보디감, 저산도, 매운 향
자바	쓴맛, 흙 냄새, 무거운 보디감, 나무 향
케냐	블랙커런트 향, 꽃 향, 과일 향, 포도 향, 생생한 과일 향, 향신료 맛
멕시코	균형 잡힌 과일 향과 향신료 맛, 가벼운 보디감
페루	높은 산도, 풍부한 캐러멜 향, 부드러운, 달콤한
수마트라	쓴맛, 흙 냄새, 연기 향, 진한 시럽같은 맛

규칙 2 원두는 직접 분쇄한다

커피 농부와 로스터, 바리스타들의 목표는 커피 원두에서 최대한 풍부한 향미를 우려내는 것이다. 커피 원두를 미리 분쇄해 두는 것은 커피를 재배하는 데 들인 수고를 경시하는 일이다. 커피 원두 내부의 세포는 산소에 노출되면서 반응하기 시작하고, 그때부터 향과 맛을 잃기 때문이다. 분쇄 후 하루 이틀이 지나면 향미가 거의 다 사라진다. 5~6일이 지나면 모든 향미를 잃게 되므로 그 이후부터는 얼마나 더 오래 보관하든 똑같은 상태가 된다.

커피 원두가 분쇄되는 과정에서 커피 내부에 있는 기름 역시 습기에 노출되어 희석되기 시작한다. 커피 기름은 쉽게 날아가고 오염된다. 원두를 분쇄할 때 근처에 있는 향이나 냄새가 섞여 들어갈 수도 있다.

커피 원두 분쇄 시 방출되는 이산화탄소는 커피의 필수적인 기름을 유지하는 데 중요한 역할을 한다. 문제는 원두가 분쇄되면서 산소나 다른 오염원에 노출되는 면적이, 표면만 노출되는 분쇄 전 원두에 비해 넓어진다는 점이다. 커피 가루가 산소에 노출되면 이산화탄소가 방출된다. 커피 원두가 분쇄되고 나서 60초 이내에 내부에 있던 가스의 80%가 빠져나간다(커피를 분쇄 할 때 좋은 냄새가 나는 이유다). 이후 가스가 빠져나가는 속도가 훨씬 더 빨라지면서 향미 또한 급속히 빠져나간다. 커피의 향미가 날아가는 것을 최대한 막기 위해서는 커피를 추출하기 전까지 분쇄는 될 수 있는 한 늦게 하는 것이 좋다.

규칙 3 물의 온도를 맞춘다

완벽한 커피를 만드는 데 가장 중요한 요소 중 하나지만, 쉽게 간과하는 것이 적절한 물의 온도다. 물이 너무 뜨거우면, 커피 성분이 과다 추출되어 결과적으로 쓰고 탄맛이 나는 커피가 될 수 있다. 물이 너무 차면, 커피 성분이 과소 추출되어 신맛이 나고 향이 약한 커피가 될 수 있다. 목표는 원두에서 최대한 풍부한 향미를 뽑아내면서 원치 않는 향미는 나오지 않도록 적당한 물의 온도를 찾는 것이다.

미국커피협회(NCA)에 따르면, 커피를 추출하기 적정한 온도는 섭씨 90~96도다. 6도 정도 차이가 있으니 쓴맛을 선호하는 정도에 따라 원하는 온도에서 커피를 추출하면 된다. 이 범위에서 벗어나는 온도에서 커피를 추출하면 커피 성분이 과다 추출되거나 과소 추출될 수 있다.

왜 하필 90도에서 96도 사이일까? 이 온도 범위에서 수용성 향미 성분이 가장 잘 용해되기 때문이다.

온도계 없이도 물의 온도를 맞출 수 있다. 평지에 살고 있다면 물이 끓고 나서 1~2분 기다렸다가 커피를 내린다. 고지대에 살고 있다면, 물이 끓기 시작할 때 즉시 커피를 내린다. 해상 1.5km에서는 물이 94.4도에서 끓는다. 해상 2.1km 이상에서는 물이 끓으면 온도가 조금 더 올라갈 때까지 기다렸다가 커피를 추출한다.

보너스 팁 **다크 로스트 커피를 원하면 저온으로, 라이트 로스트 커피를 원한다면 고온으로 커피를 내린다!**

규칙 4 비율을 따진다

커피를 내릴 때 사용하는 커피 가루와 물의 비율은 아주 중요한 변수다. 물이 커피 가루에서 향미를 추출할 때 맨 처음 나오는 맛이 신맛, 두 번째가 풍부한 커피 향이다. 그다음은 쓴맛, 과다 추출되면 탄맛이 나온다. 커피 가루는 많고 물이 충분하지 않으면, 처음 나오는 신맛만 추출될 것이다. 반대로 물이 너무 많고 커피 가루가 충분하지 않으면, 커피 성분이 과다 추출되어 쓴 커피가 나온다. 저울(또는 계량 도구)을 사용해 커피 가루와 물의 양을 정확히 측정하는 것이 중요하다.

일반적인 드립 포트를 사용할 때 적절한 커피 가루와 물의 비율은 1:16으로 커피 1g당 물 16ml가 적당하다. 다음 페이지의 표는 추출 방식에 따른 적절한 비율을 정리한 기본 지침이다. 다양한 비율로 추출해 보고 당신이 선호하는 비율을 찾아라. 다음 페이지의 표는 처음 커피를 만들기 시작할 때 참고하기 좋다.

표를 참고하기 위한 단위 변환

1온스 = 약 28g

1티스푼 = 약 14g 또는 1/2온스

추출 기구	커피와 물의 비율	한 컵당 사용하는 (일반적인) 커피와 물의 양
에어로프레스	1 : 12	대략, 커피 17g : 물 204ml
클래식 드립 포트	1 : 16	대략, 커피 17g : 물 272ml
클레버 커피 드리퍼	1 : 16	대략, 커피 17g : 물 272ml
프렌치 프레스	1 : 15	대략, 커피 17g : 물 255ml
모카포트	1 : 7	대략, 커피 17g : 물 119ml
푸어오버	1 : 14 ~ 1 : 16	대략, 커피 17g : 물 238~272ml
사이폰	1 : 15	대략, 커피 17g : 물 255ml

규칙 5 불순물을 제거한다

커피를 추출할 때는 원래 커피에 함유되어 있는 성분이 아닌 다른 향이 들어갈 수도 있다는 점에 유의해야 한다. 다음은 기억해두어야 할 몇 가지 중요한 사항이다.

종이 필터를 적신다

커피를 내리기 전에 항상 먼저 필터를 적셔 종이 필터의 맛이 커피에 들어가지 않도록 한다.

머그잔을 신중히 고른다

플라스틱이나 금속 머그잔은 특유의 향이 커피에 우러나올 수 있다. 원치 않는 향이 커피에 배이지 않는 도자기 잔이나 유리잔을 사용한다.

플라스틱 추출 기구를 사용하지 않는다

플라스틱 머그잔과 마찬가지로 플라스틱 추출 기구는 뜨거운 물을 사용할 때 플라스틱이나 화학물질 특유의 냄새가 커피에 들어갈 수 있다. 플라스틱을 많이 사용하는 경우 피하기 어려운 문제이므로, 플라스틱을 사용해야 한다면 품질이 좋은 플라스틱을 사용하자.

원두 보관에 유의한다

보관 용기의 향이 커피에 스며들 수 있으므로 원두나 분쇄한 커피 가루를 보관하는 용기를 신중히 선택한다. 비닐봉지나 금속 용기에 보관하면 커피에서 플라스틱이나 금속 특유의 냄새가 날 수 있으므로 사용을 삼간다. 도자기로 된 보관 용기가 가장 좋고 유리도 괜찮다.

홈브루잉의 장점

여기서 소개한 규칙과 방법, 기술을 적용하면 인근 카페에서 만드는 것과 같거나 더 나은 커피를 집에서도 만들 수 있다. 집에서 훌륭한 커피를 만들 수 있다는 사실은 엄청난 시간과 돈을 절약할 수 있다는 의미다. 미국인들이 커피에 소비하는 돈이 평균적으로 일년에 1100달러라는 점을 감안하면, 집에서 커피를 만드는 홈브루잉은 경제적인 선택이다.

홈브루잉은 또한 환경에 영향을 미친다. 한 사람이 커피숍에서 커피를 마실 때 사용하고 버리는 컵, 뚜껑, 홀더, 빨대 등이 1년에 약 10kg에 달한다고 한다. 집에서 커피를 만들어 마시면 커피숍에서 커피를 사먹을 때 발생하는 쓰레기를 상당히 줄일 수 있다.

많은 사람들을 홈브루잉에 빠져들게 하는 마지막 장점은 바로, 전적으로 자신만의 커피를 만들 수 있다는 점이다. 커피와 멋진 수제 음료를 만드는 것은 아주 뿌듯한 일이다.

COFFEE BREAK! 물의 질도 중요하다

커피 한 잔은 물 98%로 구성되어 있기 때문에 커피를 추출할 때 질 좋은 물을 사용하는 것은 매우 중요하다. 깨끗한 물이나 여과수를 사용하지 않는다면, 물에 섞여 있던 맛이 음료를 망칠 수 있다. 커피숍에서는 수십에서 수백만 원에 이르는 고급 여과 장치를 사용하는 경우가 많다. 집에서 커피를 추출할 때는 그렇게 값비싼 장비를 살 필요가 없다. 필터 피처나 스파웃만으로도 물속에 있는 오염물질을 크게 줄일 수 있다. 최적의 커피를 추출하기 위해 물에 미네랄 패킷을 넣어 미네랄과 산도(pH) 등을 조절하는 경우도 많다.

제3장

커피 베이스 음료

여기까지 훌륭한 커피 한 잔을 만드는 데 필요한 기본 사항을 익혔다. 이 외에도 다루고 싶은 내용이 많지만 그 내용을 전부 포함하면 이 책은 너무 두꺼워서 들 수 없게 될 것이다. 말이 나왔으니 말인데, 홈브루잉 장비와 사용법에 대해 더 알고 싶다면 온라인에서 사용 지침서를 찾아보자. 바리스타와 커피 애호가들이 장비를 사용하는 모습을 직접 보길 추천한다.

커피 추출 기술을 완벽하게 숙지했다면 이제 당신이 직접 만든 커피로 멋진 음료를 만들어볼 차례다. 이 장에서는 집에서 만들 수 있는 간단하지만 가슴 설레는 커피 음료를 살펴본다. 이미 부엌에 있을지도 모르는 간단한 재료만 가지고도 만들 수 있는 레시피다. 특별히 다른 장비가 필요하다고 표시되어 있지 않는 한 당신이 선호하는 커피 추출 기구를 사용하면 된다. 여기 레시피에서 소개한 재료 비율은 모두 공들여 만든 것들이지만, 바리스타는 바로 당신이라는 사실을 기억하라. 기호에 따라 비율이나 재료, 조리 순서를 바꾸어도 상관없다. 여기에 실린 레시피에서 영감을 받아 이를 도약대로 삼아 자신만의 레시피를 만들고 다른 사람들과도 공유할 수 있기를 바란다!

머그잔과 유리잔

각각의 커피나 에스프레소 음료는 어떤 머그잔이나 컵에 마셔도 상관없다. 하지만 여기서는 어울리는 잔을 추천하고자 한다. 각 음료를 즐기는 데 사용할 수 있는 다양한 유형의 잔을 간략히 소개한다.

소형 데미타스 에스프레소 머그잔

따뜻한 음료를 약 113ml까지 담을 수 있는 작은 도자기 머그잔.

중형 도자기 머그잔

따뜻한 음료를 170~183ml까지 담기에 안성맞춤인 머그잔.

대형 도자기 머그잔

따뜻한 음료를 283~396ml까지 담기에 안성맞춤인 머그잔.

(내부에) 홈이 파인 중형 유리잔

크림이 들어가는 뜨거운 음료를 180~300ml까지 담기에 적합한 유리잔. 손잡이가 없어 손으로 잡기에 너무 뜨거울 수 있기 때문에 온도가 약간 낮은 크림이 있는 음료를 담는 데 추천한다.

소형 데미타스
에스프레소 머그잔

중형 도자기 머그잔

대형 도자기 머그잔

홈이 파인 중형 유리잔

투명한 대형 유리잔

아이리시 커피 머그잔

마티니 잔

록글래스

투명 유리 머그잔

투명한 대형 유리잔

음료를 475~600ml까지 담을 수 있으며 차가운 음료나 커피를 담기에 좋고 칵테일에도 좋다. 투명한 잔을 사용해야 당신이 만든 멋진 음료를 볼 수 있다.

아이리시 커피 머그잔

밑부분이 아주 작고 손잡이가 달린 디자인이 독특한 긴 머그잔이다. 아일랜드 전통을 대표하며, 아일랜드에서 영감을 받은 음료를 담기에 가장 적합하다.

마티니 잔

V자 형태가 상징적인 마티니 잔은 마티니를 담는 데만 사용하자.

록글래스

투명하고 바닥이 납작한 직선형 유리잔으로, 칵테일을 담기에 완벽한 클래식 잔이다.

투명 유리 머그잔

음료를 355ml까지 담을 수 있으며, 손잡이가 달려 있어 뜨거운 음료를 담는 데 많이 사용한다.

필요한 도구

커피 추출 기구
(프렌치 프레스 추천)

카페오레

카페오레는 "우유를 곁들인 커피"라는 뜻의 프랑스어다. 이름에서 짐작할 수 있듯 레시피가 간단해 집에서 처음 만들어보기 좋다. 전통적으로 카페오레는 추출한 커피와 스팀 우유를 같은 비율로 섞는다. 전통적인 카페오레를 만들기 위해서는 다크 로스트 원두와 프렌치 프레스를 사용하는 것이 좋다. 대형 머그잔도 좋지만, 보통 둘레가 넓은 보울에 담아 마신다. 카페오레는 아침식사와 함께 마시는 음료로 인기가 많다. 프랑스인처럼 즐기고 싶다면 구운 크루아상과 함께 즐겨보자.

우유: 180ml
(일반 우유가 가장 좋다)

다크 로스트 커피: 180ml
(갓 추출한 것)

1 우유를 전자레인지에서 사용할 수 있는 용기에 담아 전자레인지 세기를 강하게 설정한 후 끓기 직전까지 30초 정도 데운다. 또는 작은 소스팬에 넣고 매우 뜨겁지만 끓기 직전까지 5분 정도 데운다. 우유가 끓지 않도록 조심한다.

2 데운 우유를 큰 머그잔에 따르고 커피와 섞는다.

레시피 팁 **미국식 카페오레 중에 치커리 뿌리로 만든 커피도 있는데, 남북 전쟁 당시 루이지애나 주에서 커피 원두가 부족했던 탓에 인기가 많았다고 한다. 뉴올리언스식 카페오레를 맛보고 싶다면 치커리 커피를 시도해보자. 살짝 달게 먹으려면 설탕을 조금 추가해도 좋다.**

콜드 브루

필요한 도구

피처

필터
(프렌치 프레스 사용 가능)

콜드 브루는 커피 초보자들에게 혼란을 줄 수 있는 커피다. '콜드 브루'라는 이름은 음료의 온도가 아니라 추출 과정을 일컫는 말이다. 미국 커피 업계에서 상당히 새로운 커피이긴 하지만, 그 기원은 새롭지 않다. 누가 콜드 브루를 처음 만들었는지 논란이 있지만 콜드 브루는 최소 4세기 전부터 존재했다. 콜드 브루는 커피 원액을 추출할 때 뜨거운 물이 아니라 찬물 또는 상온의 물을 사용한다는 점에서 특별하다. 가장 만들기 쉬운 커피 중 하나이며, 원액은 다양한 커피 음료의 원료로 쓰인다. 콜드 브루를 만드는 데는 12시간 이상이 걸리는데, 커피에서 풍부한 향미를 추출할 때 찬물을 사용하면 더 긴 시간이 소요되기 때문이다.

원두: 1/4컵
(중간 미세한 크기로 분쇄,
로스팅 수준은 상관 없음)

상온의 물: 270ml

얼음

1 대형 피처에 커피 가루를 넣고 물을 붓는다. 저어서 섞는다. 냉장고에서 약 12시간(원하는 맛에 따라 12시간 내외) 동안 우려낸다.
2 필터로 커피 가루를 거른 후 얼음을 넣어 마신다. 커피 맛이 너무 진하면 물을 더 섞는다.

레시피 팁 더 큰 피처를 사용하면 콜드 브루의 양을 두세 배로 늘릴 수도 있다. 같은 커피 가루로 하나는 콜드 브루를, 다른 하나는 뜨거운 커피를 만드는 재미있는 실험을 해보자. 당신의 미각을 한번 시험해보라. 두 커피 맛의 차이가 느껴지는가?

재미있는 사실 아이스 커피와 콜드 브루의 차이는 무엇일까? 아이스 커피는 뜨거운 물로 추출한 커피에 얼음을 넣어 차갑게 만든 커피다. 그러나 콜드 브루는 찬물 또는 상온의 물을 사용해 커피를 추출하는 데 12시간이 필요한 커피다. 결과적으로 콜드 브루는 쓴맛이 덜하고, 산도가 낮지만, 카페인 함량이 높다.

카페 데 오야 (멕시코 커피)

필요한 도구

소형 포트
또는
뚜껑이 있는 소스팬

촘촘한 금속 거름망
또는
치즈 거름천

카페 데 오야는 전통 멕시코 커피 음료로, 이름은 커피를 추출할 때 사용하는 클레이포트(오야는 스페인어로 '포트'라는 의미다)에서 유래했다. 포트의 흙 성분이 카페 데 오야 고유의 커피 맛을 선사한다고 알려져 있다. 카페 데 오야는 주로 포트와 같은 성분으로 만든 작은 머그잔에 담는다. 멕시코에서 인기 있는 시나몬 스틱과 필론칠로, 정제되지 않은 사탕수수를 함께 넣어 커피를 추출한다. 멕시코의 전통 음료이지만 미국에서 인기가 급격히 상승하고 있다.

물: 240ml

시나몬 스틱: 1/2개

필론칠로
또는
흑설탕: 2테이블스푼

커피 가루: 1테이블스푼
(중간 정도로 거칠게 분쇄한)
(전통 카페 데 오야의 풍미를 느끼려면 멕시칸 다크 로스트가 최적)

1. 소형 소스팬에 물을 넣고 센 불로 끓을 때까지 가열한다. 시나몬 스틱과 필론칠로를 넣는다. 다시 가열하고 필론칠로가 녹을 때까지 젓는다.
2. 커피 가루를 넣고 젓는다. 불을 끈다. 소스팬에 뚜껑을 덮고 원하는 진하기에 따라 5~10분 정도 기다린다.
3. 촘촘한 금속 거름망를 사용해 커피를 거르고 머그잔에 담는다.

레시피 팁 더욱 풍부한 향미를 원한다면 팔각회향(스타아니스) 1/2쪽, 계피, 설탕을 함께 물에 넣어 끓인다.

필요한 도구

블렌더

방탄 커피

방탄 커피는 요즘 시중에서 가장 인기 있는 커피 중 하나다. MCT 오일(혹은 코코넛 오일)과 무염 버터, 곰팡이 독소가 없는(mold-free) 커피를 섞어 만든 커피 음료로, 라이프스타일과 건강의 대가인 데이브 아스프리가 개발했다. 아스프리는 티베트에서 하이킹을 한 후 현지에서 즐겨 마시는 야크 버터 차를 마시고 방탄 커피를 생각해냈다. 방탄 커피가 식욕을 억제하고, 정신을 맑게 하며, 체중 감량에 도움이 된다고 믿는 사람도 있다. 방탄 커피가 건강에 좋다는 것에는 의견이 엇갈리지만, 2009년 아스프리가 레시피를 내놓은 후부터 인기가 급격히 상승하고 있다.

뜨거운 커피: 240ml
(갓 추출한)

무염 버터: 2테이블스푼

MCT 오일: 15ml

1 커피와 버터, MCT 오일을 블렌더에 넣는다. 부드러워질 때까지 섞는다.

레시피 팁 건강에 좋다는 방탄 커피의 이점을 누리려면 반드시 무염버터를 사용할 것을 추천한다. 마찬가지로 본래의 레시피대로 만들려면 집 근처의 식료품점에서 쉽게 찾을 수 있는 MCT 오일을 추천하지만, MCT 오일 대신 코코넛 오일을 사용해도 괜찮다.

필요한 도구

전통 터키식 체즈베
또는
소형 소스팬

터키 커피

터키 커피의 기원은 16세기까지 거슬러 올라간다. 터키에서 외국 음료였던 커피는 술탄에게 소개되고 나서 터키 문화권에서 빠르게 주식으로 자리 잡았다. 그 후 얼마 지나지 않아 커피를 만드는 일이 직업인 사람들이 생기기 시작했고, 일반 대중들이 이용하는 커피하우스가 문을 열었다. 터키 커피는 그 준비 과정과 특성이 매우 독특하다. 체즈베나 이브릭이라고 하는 전통 터키식 커피 주전자를 사용해 만드는데, 온라인 쇼핑몰이나 주방용품점에서 쉽게 구할 수 있다. 아주 고운 커피 가루를 물에 넣고 거품층이 생길 때까지 직접 가열한다. 커피 가루를 잔 밑에 깔리도록 담아내기 때문에 커피의 2/3 정도만 마시는 셈이다. 전통식 터키 커피는 쓴맛이 매우 강하기 때문에 물 한 잔과 단 것을 함께 내놓는다.

찬 물: 240ml

커피 가루: 2티스푼
(아주 미세하게 간)

1. 체즈베에 찬 물과 커피 가루를 넣는다. 부드럽게 저어 섞는다.
2. 약불에서 거품이 생성될 때까지 이따금씩 저어주며 3~4분간 가열한다. 끓기 직전에 불을 끈다.
3. 작은 스푼을 사용해 체즈베 위에 생긴 거품을 걷어내 작은 컵에 담는다.
4. 커피가 끓을 때까지만 체즈베를 다시 데운다. 조심스럽게 커피를 잔에 따른다. 커피 가루가 바닥에 가라앉을 때까지 1~2분 정도 기다린다.

레시피 팁 **달콤한 터키 커피를 선호한다면 커피 가루와 물을 가열하기 전에 설탕을 넣는다. 터키 커피는 절대 커피를 내린 후에 설탕을 넣지 않는다. 커피에 우유도 넣지 않는다. 터키 커피는 블랙으로 즐기자!**

베트남 커피

필요한 도구

베트남 핀 커피필터
또는
프렌치 프레스

베트남에서 커피란 카페인을 마시기 위해서라기보다 의식을 치르는 일에 가깝다. 커피를 만드는 일에 서두르지 않고 많은 시간과 공을 들인다. 전통 베트남 커피는 또한 양보다는 질에 중점을 두기 때문에 비교적 양이 적다. 꽤 진하고 쓴맛으로 알려져 있는데, 그래서 소량으로도 충분하다. 연유를 함께 곁들여 마시는 이유이기도 하다. 연유의 달콤함이 커피의 쓴맛을 없애주고, 아주 맛있고 부드러운 특별한 커피로 만들어준다. 핀이라고 부르는 베트남식 필터를 추천하지만 프렌치 프레스를 사용해도 괜찮다.

레시피 팁 **베트남 커피는 쉽게 아이스커피로 만들 수 있다! 레시피대로 만든 베트남 커피를 얼음을 가득 채운 유리잔에 붓기만 하면 된다!**

커피 가루: 3테이블스푼
(베트남 커피나 프렌치 로스트가 가장 좋다)

물: 240ml

연유: 15~ 45ml

1. 커피 가루를 핀 바스킷에 넣고 그 위에 조심스럽게 필터를 올려놓는다. 핀을 중형 도자기 머그 위에 올려놓는다.
2. 소형 소스팬에 물을 넣고 끓기 직전까지 센 불로 가열한다. 뜨거운 물을 2테이블스푼 정도 필터에 넣고 몇 초간 뜸을 들인다.
3. 남은 뜨거운 물을 필터에 마저 붓는다. 커피가 머그잔에 다 내려질 때까지 기다린다.
4. 연유를 원하는 만큼 넣고 저어준다.

준비 팁 **뜸을 들이는 것은 뜨거운 물을 부은 커피 가루에서 이산화탄소가 배출되며 보글보글 끓는 듯이 보이는 것을 뜻한다. 이산화탄소가 빠져나간 자리를 물이 채우면서 커피가 추출되기 시작한다.**

필요한 도구

소형 소스팬

프렌치 프레스
또는
거름망

스칸디나비아 커피

스칸디나비아 커피는 이름에서 알 수 있듯 스칸디나비아(특히 스웨덴, 노르웨이) 지역에서 유래했다. 미국 중서부 일부 지역의 영향도 받았는데, 스칸디나비아 이민자들과 함께 건너왔을 확률이 높다. 스칸디나비아 커피에서 대체할 수 없는 중요한 재료는 바로 날달걀이다. 당신이 제대로 읽은 게 맞다. 날달걀(껍질을 포함한)을 커피 가루와 함께 포트에 넣고 끓인 다음 찌꺼기를 걸러내면 약간의 쓴맛이 가미된 부드럽고 균형 잡힌 맛의 커피가 나온다. 달걀을 넣는 이유는 커피와 함께 먹으려는 것이 아니라 커피 가루에 있는 불순물을 끌어당기는 천연 정화제 역할을 하기 때문이다. 그렇다. 특이하긴 하지만 꽤 멋지다.

상온의 물: 240ml

큰 달걀: 1개
(깨끗이 씻어서)

커피 가루: 1테이블스푼
(갓 분쇄한 것)

찬 물: 240ml

1 소형 소스팬에 물을 넣고 끓을 때까지 가열한다.
2 유리잔에 달걀을 깨서 넣은 후 껍질도 함께 넣고 잘게 부순다.
3 깬 달걀에 커피 가루를 넣고 저어 섞는다. 끓는 물에 넣는다. 중간 불에서 5분 정도 끓인다. 이때 흘러넘치지 않게 조심한다.
4 불을 끄고 찬 물을 붓는다.
5 커피 가루를 프렌치 프레스에 넣는다. 이때 커피 가루와 뭉친 달걀 덩어리가 같이 흘러 들어가지 않게 조심한다. 프레스로 남은 찌꺼기를 걸러준다. 다 내린 커피를 머그잔에 따르고 달걀 커피를 즐긴다.

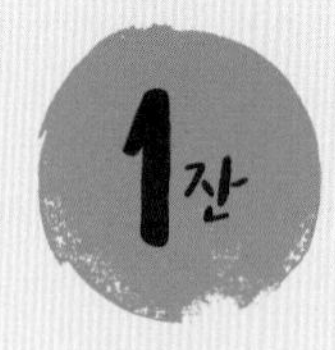

필요한 도구

커피 추출 기구

소형 소스팬

차 거름망
또는
촘촘한 금속 거름망

위안양 (홍콩 커피)

전 세계에서 가장 인기 있는 두 음료는 커피와 차인데, 홍콩에 있는 누군가가 이 둘을 결합하는 기발한 생각을 했다. 이 음료는 탄생하자마자 중국 전역에 셀 수 없이 많은 카페와 식당에서 팔리기 시작했고 천천히 전 세계로 퍼져나갔다. 차 애호가들은 커피가 주는 보디감에 놀라고, 커피 애호가들은 홍차가 주는 깊은 맛을 즐긴다. 다음 번에 커피와 차 중에 결정할 일이 생긴다면… 두 개를 합친 홍콩 커피를 마셔보자!

물: 120ml

홍찻잎: 1테이블스푼

하프앤하프: 60ml
(우유와 헤비크림을 1:1로 섞은 크림)

설탕: 2테이블스푼

커피: 180ml
(갓 추출한 것)

1. 소형 소스팬에 물을 넣고 센 불로 끓을 때까지 가열한다. 찻잎을 넣고 불을 중간 세기로 조절한 다음 부글부글 끓는 상태로 3분간 기다린다. 거름망으로 머그잔에 차를 거른다. 찻잎을 버린다.
2. 차에 커피, 하프앤하프, 설탕을 넣으면서 저어준다.

필요한 도구

콜드 브루 메이커

크림소다 콜드 브루

서로 다른 매력을 지닌 두 음료를 혼합하면 이 맛있는 여름 음료가 탄생한다. 소다의 탄산, 에스프레소의 풍부한 향미와 보디감이 만나 균형 잡힌 끝 맛을 낸다. 커피와 소다를 함께 마시기 시작한 건 최근 들어서다. 다양한 탄산음료를 사용한 레시피가 많이 있지만 크림소다는 커피 음료에 사용하는 전형적인 시럽들과 향이 비슷해 실험해보기 좋다. 뜨거운 여름날 커피가 마시고 싶다면 시원한 크림소다 콜드 브루를 마시며 모든 걱정을 날려버리자.

얼음

콜드 브루(50쪽): 180ml

크림소다: 180ml

1 긴 유리잔에 얼음을 채우고 콜드 브루를 넣는다.

2 탄산이 너무 많이 발생하지 않게 주의하면서 유리잔을 비스듬히 기울여 크림소다를 따른다.

레시피 팁 얼음이 녹아 커피 음료가 연해지는 것이 싫다면 콜드 브루를 얼음틀에 넣고 얼려 보자. 얼린 콜드 브루 조각을 커피에 넣어 마시면 얼음이 녹아도 커피가 연해지지 않는다!

필요한 도구

콜드 브루 메이커
또는
에스프레소 추출 기구

밀크앤허니 콜드 브루

커피 애호가들은 수백 년 동안 꿀을 천연 감미료로 사용해왔다. 많은 감미료와 시럽이 커피의 맛을 덮어버리는 반면, 섬세한 맛을 지닌 꿀은 커피의 향미를 압도하지 않고 보완해 준다. 시나몬과 바닐라, 꿀의 조합은 콜드 브루의 쓴맛을 토끼와 포옹하는 듯한 맛으로 바꾸어준다(토끼와 포옹하는 것이 기분 좋은 일이라면 말이다).

얼음

콜드 브루(50쪽)
또는
에스프레소(70쪽): 120ml
(차갑게 식힌 것)

우유: 120ml

꿀: 1테이블스푼

바닐라 익스트랙: 1/4티스푼

시나몬 가루: 1/4티스푼

1 긴 유리잔의 반 정도를 얼음으로 채우고 얼음 위에 콜드 브루를 붓는다.
2 우유, 꿀, 바닐라를 넣으면서 저어준다.
3 맨 위에 시나몬 가루를 뿌린다.

레시피 팁 가을에는 육두구(넛멕)와 흑설탕을 넣고, 시나몬을 뿌려 마신다!

제 4 장

클래식 에스프레소 음료

이 장에는 당신이 가장 좋아하는 카페에 있을 만한 클래식 에스프레소 베이스 음료의 레시피가 실려 있다. 이 중 많은 음료가 수백 년 동안 전 세계에서 소비되며 세월이라는 시험을 견디고 '클래식' 커피가 되었다. 하지만 같은 음료라도 카페마다 개성이 다르고, 당신도 그렇게 창의력을 발휘할 자유가 있다. 당신의 스타일과 입맛에 맞는 비율을 찾아라.

에스프레소를 만들 때 주의할 점

에스프레소는 이 장에서 소개할 모든 음료와 다른 장에서 소개할 많은 음료의 기본이다. 음료를 효과적으로 만들기 전에 반드시 맛있는 에스프레소를 만드는 방법을 먼저 숙지하고 있어야 한다.

에스프레소를 만들 때 지켜야 하는 일반적인 규칙은 커피 약 17g과 물 55ml의 비율이다.

에스프레소 메이커나 에어로프레스, 또는 모카포트를 추천하지만 없는 경우에는 프렌치 프레스가 그다음으로 좋다. 프렌치 프레스도 없다면 에스프레소를 만드는 게 쉽지 않을 것이다. 물에 비해 훨씬 더 많은 커피 가루를 넣기만 해도 진한 에스프레소 비슷하게 만들어질 때가 가끔 있기는 하다.

에스프레소를 만드는 기술은 바리스타들이 수년을 투자해 배우는 기술이다. 에스프레소를 만드는 과정을 즐기자. 무엇보다 에스프레소를 즐기길 바란다!

COFFEE BREAK! 커피 풍미의 4가지 주요 요소

1 산미 감지되는 산미의 정도는 커피에서 가장 중요한 요소 중 하나다. 라이트 로스트 커피, 과일 향이나 감귤 향이 나는 커피는 산도가 높은 경우가 많다. 쉽게 말하면 레몬을 먹을 때 아래턱에서 '미소가 지어지는' 느낌이라고 할 수 있다.

2 쓴맛 다크 로스트 커피나 과다 추출된 커피 가루에서 쓴맛이 과하게 나는 경우가 많다. 커피의 쓴맛은 보통 입천장 끝에서 느껴진다.

3 마우스필 커피를 처음 마시는 사람에게는 매우 복잡해 보일 수 있는 개념이지만 말 그대로 입 안에서 느껴지는 감촉을 말한다. 우유처럼 묵직하고 크리미한가? 아니면, 차처럼 가벼운 느낌인가? 기름기가 있는가? 아니면 레드와인이나 녹차처럼 건조하고 떫은맛이 나는가? 모두 특정 커피의 마우스필이 어떤지 이해하는 데 도움이 될 만한 질문들이다.

4 단맛 생두에는 자연 설탕이 함유되어 있지만 대부분 로스팅 과정에서 파괴된다. 초보자라면 감지하기 어려울 수도 있겠지만, 많은 커피가 쓴맛과 구별되는 딸기나 블루베리, 기타 과일의 달콤한 풍미를 가지고 있다.

1잔

필요한 도구

에스프레소 추출 기구

우유 거품기,
유리잔

카푸치노

카푸치노는 '작은 카프(little cap)'라는 뜻으로 갈색 수도복을 입고 머리를 밀었던 카푸친 수도회 수도사들의 이름에서 유래했다. 카푸치노를 잘 따르면, 하얗고 동그란 우유 거품을 짙은 갈색 크레마층이 감싸고 있는 모양이 수도사들의 머리를 닮았다.

클래식한 커피 음료인 카푸치노를 라테와 혼동하는 경우가 많다. 둘의 차이는 라테는 보통 240ml이고, 스팀우유가 우유 거품보다 더 들어가지만, 카푸치노는 보통 180ml로 스팀우유와 우유 거품의 비율이 같다는 점이다.

레시피 팁 **카푸치노에 넣을 우유는 처음 만들었을 때 대부분 거품으로 덮여 있다. 하지만 잔에 따르고 나면 금새 스팀 우유와 우유 거품으로 양분되면서 클래식한 카푸치노를 만들 수 있다. 변화를 주고 싶다면 맨 위에 코코아 파우더를 살짝 뿌려보자!**

에스프레소(70쪽)**: 60ml**

우유: 120ml
(일반 우유가 가장 좋다)

1. 에스프레소를 머그잔에 담는다.
2. 우유를 넓은 유리잔이나 유리병에 넣고 매우 뜨겁지만 끓지 않을 정도로 전자레인지에 30초 정도 데운다. 아니면 소스팬에 넣고 중간 세기 불로 5분간 가열하되 매우 뜨겁지만 끓지 않도록 조심한다.
3. 우유 거품기를 사용해 공기방울은 사라지고 두꺼운 거품 층이 형성될 때까지 20~30초간 거품을 낸다. 유리잔을 흔든 뒤 테이블에 살짝 쳐서 공기방울을 터뜨린다. 필요하면 이 단계를 반복한다.
4. 스푼을 이용해 거품은 놔두고 우유만 에스프레소에 따른 후 남은 우유 거품을 맨 위에 얹어준다.

카페라테

필요한 도구

에스프레소 추출 기구

우유 거품기,
유리잔

카페라테는 에스프레소 베이스 커피로, 1/3은 에스프레소, 2/3는 윗부분에 소량의 우유 거품을 얹은 스팀우유로 되어 있다. 카페라테는 이탈리아어로 커피와 우유라는 뜻이다. 이탈리아에서 '커피'는 에스프레소를 의미하는데, 그래서 카페라테는 커피와 우유가 아니라 에스프레소와 우유로 만든다. 가장 인기 있는 에스프레소 음료 중 하나인 카페라테는 미국에서는 간단히 '라테'로 알려져 있다. 미리 경고하는데, 이탈리아에서 '라테'를 주문하면 따뜻한 우유 한 잔이 나올 수도 있다!

레시피 팁 **카페라테로 다양한 시도를 해볼 수 있다. 유제품을 첨가하지 않고 우유 대신 두유, 귀리(오트), 코코넛을 넣어볼 수도 있다. 캐러멜, 바닐라, 블랙베리 시럽 등의 향을 첨가해볼 수도 있다.**

에스프레소(70쪽): 60ml

우유: 300ml
(일반 우유가 가장 좋다)

1 에스프레소를 머그잔에 담는다.
2 우유를 넓은 유리잔이나 유리병에 넣고 매우 뜨겁지만 끓지 않을 정도로 전자레인지에 30초 정도 데우거나, 소스팬에 넣고 중간 세기 불로 5분간 가열하되 끓지 않도록 조심한다.
3 우유 거품기를 사용해 공기방울은 사라지고 두꺼운 거품 층이 형성될 때까지 20~30초간 거품을 낸다. 유리잔을 흔든 뒤 테이블에 살짝 쳐서 공기방울을 터뜨린다. 필요하면 이 단계를 반복한다.
4 스푼을 이용해 거품은 놔두고 우유만 에스프레소 위에 따른 후 남은 우유 거품을 맨 위에 얹어준다.

재미있는 사실 **아이스 카페라테도 쉽게 만들 수 있다. 사실 뜨거운 라테를 만드는 것보다 더 쉽다. 에스프레소를 추출한 후 차가운 우유와 얼음을 넣기만 하면 된다. 스팀 우유를 넣을 필요가 없다!**

플랫 화이트

필요한 도구

에스프레소 추출 기구

우유 거품기,
유리잔

플랫 화이트라는 이름이 호주에서 왔는지 뉴질랜드에서 왔는지는 명확하지 않지만 기본적으로 플랫 화이트가 우유 거품이 없는 카푸치노라는 사실은 확실하다. 스타벅스가 메뉴에 추가한 이후 미국에서 인기 있는 커피로 부상했다. 카푸치노와 매우 비슷하지만 우유 거품이 전혀 없다. 카푸치노처럼 거품이 많이 들어간 에스프레소 음료는 싫고 라테보다는 약간 더 진한 에스프레소 음료가 마시고 싶을 때 플랫 화이트를 주문하자.

에스프레소(70쪽)**: 60ml**

우유: 120ml
(일반 우유가 가장 좋다)

1 에스프레소를 머그잔에 담는다.
2 우유를 넓은 유리잔이나 유리병에 넣고 매우 뜨겁지만 끓지 않을 정도로 전자레인지에 30초 정도 데우거나, 소스팬에 넣고 중간 세기 불로 5분간 가열하되 끓지 않도록 조심한다.
3 우유 거품기를 사용해 공기방울은 사라지고 두꺼운 거품 층이 형성될 때까지 20~30초간 거품을 낸다. 유리잔을 흔든 뒤 테이블에 살짝 쳐서 공기방울을 터뜨린다. 필요하면 이 단계를 반복한다.
4 스팀 우유 위에 있는 거품을 떠서 제거한다. 에스프레소 한가운데에 작고 하얀 동그라미 모양으로 우유를 붓는다.

레시피 팁 **스타벅스 플랫 화이트처럼 만들어보고 싶다면 우유를 120ml가 아니라 360ml 넣고 에스프레소는 30ml만 넣는다.**

필요한 도구

에스프레소 추출 기구

우유 거품기,
유리잔

마키아토

당신이 처음 마키아토를 접해본 곳이 어디인지에 따라 여기 소개하는 레시피에 놀랄 수도 있다. 어떤 이유에서인지 인기 있는 커피 체인점에서는 밑바닥에 우유를 깔고 그 위에 에스프레소를 부은 라테를 '마키아토'라고 부르고 있다. 이 음료는 절대 전통적인 마키아토가 아닌데, 왜 이 음료가 마키아토라는 이름을 갖게 되었는지는 아무도 모른다. 전통적인 마키아토는 에스프레소에 약간의 크림을 넣은 커피를 말한다. 에스프레소의 맛을 지나치게 희석하지 않고 그 풍미를 살리면서 우유로 약간 중화시킨, 커피를 즐기는 사람을 위한 완벽한 커피다.

에스프레소(70쪽): 60ml

우유: 30ml
(일반 우유가 가장 좋다)

1 에스프레소를 머그잔에 담는다.
2 우유를 넓은 유리잔이나 유리병에 넣고 매우 뜨겁지만 끓지 않을 정도로 전자레인지에 30초 정도 데우거나, 소스팬에 넣고 중간 세기 불로 5분간 가열하되 끓지 않도록 조심한다.
3 우유 거품기로 큰 공기방울은 사라지고 두꺼운 우유 거품 층이 생길 때까지 20~30초 정도 거품을 낸다. 유리잔을 흔든 뒤 테이블에 살짝 쳐서 공기방울을 터뜨린다. 필요하면 이 단계를 반복한다.
4 소량의 우유 거품을 에스프레소 위에 얹는다.

레시피 팁 **다른 종류의 마키아토를 원한다면 우유 300ml를 얼음 위에 붓고 그 위에 에스프레소 60ml를 붓는다. 맨 위에 캐러멜 소스를 얹는 것도 좋다!**(92쪽 재료팁 참고)

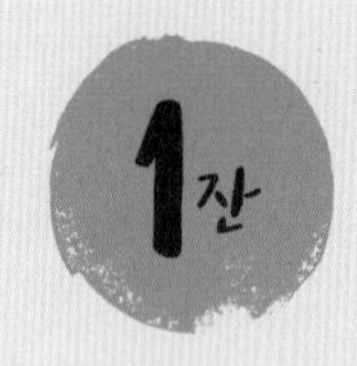

아메리카노

필요한 도구

에스프레소 추출 기구

아메리카노는 진한 에스프레소를 마시지 못하는 나약한 미국인들이 만든 커피라는 이야기가 있다. 제2차 세계대전 당시 이탈리아에 주둔하고 있던 미군들이 에스프레소를 주문했는데 너무 써서 물을 타서 마셨다고 한다. 실제로 있었던 일인지는 밝혀진 바가 없지만 대부분의 커피 전문가들이 사실이라고 믿고 있다. 오늘날 우리가 즐겨 마시는 아메리카노도 에스프레소를 뜨거운 물에 희석한 그 아메리카노랑 같다. 아메리카노의 매력은 그냥 에스프레소보다 훨씬 오랫동안 에스프레소의 풍미를 느낄 수 있다는 점이다. 일반 커피보다 풍부한 보디감을 느끼고 싶다면, 아메리카노가 확실한 선택이다.

에스프레소(70쪽): 60ml

물: 180~300ml
(뜨거운 걸로)

크림(선택)

설탕(선택)

1 에스프레소를 머그잔에 담고, 얼마나 진한 커피를 원하는지에 따라 적당한 양의 뜨거운 물을 넣어 희석한다. 블랙커피로 즐기거나 원하는 만큼 크림과 설탕을 넣어 마신다.

레드아이

필요한 도구

에스프레소 추출 기구

커피 추출 기구

새벽 3시경 과제를 하고 있는 대학생의 손에 들려 있는 걸 자주 볼 수 있는 커피 음료가 레드아이다(거기서 이름을 따 왔다). 잠은 부족한데 깨어 있어야 할 때 절실하게 의지하는 음료다. 레드아이는 간단히 말해 에스프레소 샷을 두 번 넣은 커피다. 카페인이 강하고 진한 커피를 즐기는 사람에게 이상적인 커피다. 에스프레소와 커피를 잘 조합하면 놀라울 정도로 향미와 보디감이 풍부한, 오감을 깨우는 레드아이를 만들 수 있다.

에스프레소(70쪽)**: 60ml**

추출한 커피: 300ml

크림(선택)

설탕(선택)

1 에스프레소와 커피를 머그잔에 넣고 섞는다. 블랙커피로 즐기거나 기호에 따라 크림과 설탕을 넣어 마신다.

레시피 팁 하나가 먼저 식어버리는 일이 없도록 에스프레소와 커피를 동시에 추출하는 게 이상적이다. 한 번에 하나씩 내려야 한다면 에스프레소를 먼저 추출하고 그다음 커피를 내려 음료의 온기가 더 오래 지속되도록 한다.

필요한 도구

에스프레소 추출 기구

우유 거품기,
유리잔

코르타도

코르타도는 중남미 국가에서 흔히 즐기는 커피이며, 북미에서도 찾을 수 있지만 중남미만큼 흔히 즐겨 먹지는 않는다. 코르타도는 스페인어로 '자른(cut)'이라는 의미다. 에스프레소 싱글 샷과 같은 양의 따뜻한 우유가 에스프레소를 잘라, 즉 희석해서 붙여진 이름이다. 코르타도가 에스프레소와 우유가 들어간 여타 음료들과 다른 이유는 우유를 텍스처라이징(texturizing)하지 않기 때문이다. 이탈리아 사람들은 우유를 텍스처라이징해서 음료 위에 거품이 더 생기게 하는 반면, 스페인식 커피 음료는 그냥 스팀 우유로 만들기 때문에 거품을 낸 우유만큼 거품이 들어가 있지 않다.

에스프레소(70쪽)**: 60ml**

우유: 60ml
(일반 우유가 가장 좋다)

1. 에스프레소를 머그잔에 담는다.
2. 우유를 넓은 유리잔이나 유리병에 넣고 매우 뜨겁지만 끓지 않을 정도로 전자레인지에 20~30초 정도 데우거나, 소스팬에 넣고 중간 세기 불로 5분간 가열하되 끓지 않도록 조심한다. 온도계가 있으면, 46~51도 사이로 맞춘다.
3. 우유 거품기를 사용해 아주 얇은 거품 층이 생길 정도로 약 10초간 거품을 낸다. 유리잔을 흔든 뒤 테이블 위에서 살짝 쳐서 큰 공기방울을 터뜨린다. 필요하면 이 단계를 반복한다.
4. 에스프레소에 우유를 붓는다.

에스프레소 콘 판나

필요한 도구

에스프레소 추출 기구

에스프레소 콘 판나는 이태리어로 '크림을 얹은 에스프레소'라는 뜻이다. 사용하는 휘핑 크림의 양은 다를 수 있지만, 기본적으로 휘핑크림을 얹은 에스프레소다! 달콤함이 약간 가미된 에스프레소를 즐기는 사람들을 위한 커피 음료다. 에스프레소의 쓴맛과 휘핑크림의 달콤함이 극명한 대조를 이루면서 심플하고 클래식한 커피에서 다양한 맛의 향연을 느끼게 해준다.

에스프레소(70쪽): 60ml

휘핑크림: 장식용

1 에스프레소를 머그잔에 담고 그 위에 휘핑크림을 얹는다.

레시피 팁 거품기 또는 핸드 믹서를 사용해 헤비(휘핑)크림을 뾰족하게 솟을 때까지 저어준다. 휘핑크림에 향을 첨가해 나만의 에스프레소 콘 판나를 만들어보자. 집에서 만든 메이플-브라운 슈가 휘핑크림은 아주 맛있다!

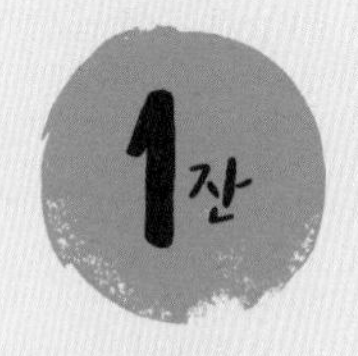

브레브

필요한 도구

에스프레소 추출 기구

우유 거품기,
유리잔

브레브(Breve)는 우유 대신 하프앤하프(우유와 헤비크림을 1:1로 섞은 크림)로 만든 라테라고 할 수 있다. 이 간단한 변화로 인해 두 음료는 극명한 대조를 이룬다. 라테에서 비해서 브레브의 마우스필은 훨씬 더 크리미하다. 또한, 하프앤하프의 성분 덕에 브레브가 약간 더 달콤하다. 그 달콤함 때문에 많은 이들이 브레브를 '디저트 라테'라고 부르며, 저녁식사 후에 주로 마시지만 하루 중 아무 때나 즐겨도 좋은 음료다.

에스프레소(70쪽)**: 60ml**

하프앤하프: 300ml

1. 에스프레소를 머그잔에 담는다.
2. 하프앤하프를 넓은 유리잔이나 유리병에 넣고 매우 뜨겁지만 끓지 않을 정도로 전자레인지에 20~30초간 돌린다. 또는 하프앤하프를 소스팬에 넣고 중간 세기 불로 끓지 않도록 조심하며 5분간 가열한다.
3. 우유 거품기를 사용해 공기방울은 사라지고 중간 정도의 두꺼운 거품 층이 생길 정도로 20~30초간 하프앤하프에 거품을 낸다. 유리잔을 흔든 뒤 테이블 위에서 살짝 쳐서 공기방울을 터뜨린다. 필요하면 이 단계를 반복한다.
4. 스푼을 이용해 거품은 놔두고 하프앤하프만 에스프레소에 따른 후 남은 거품을 맨 위에 얹는다.

레시피 팁 **에스프레소에 차가운 하프앤하프를 넣기만 하면 '아이스 브레브'로 만들 수 있다! 뜨거운 날에 기분을 좋게 하는 선택이다!**

쿠바노

필요한 도구

에스프레소 추출 기구

우유 거품기,
유리잔

쿠바노는 아마 이 장에서 가장 덜 클래식한 음료일 것이다. 많은 카페에 쿠바노와 비슷한 음료가 있지만 카페에 따라 매우 다양하다. 쿠바노를 만드는 방법은 아주 다양한데, 예를 들면 소금을 빼고, 이당류나, 꿀, 황설탕, 카옌(멕시코 등에서 생산하는 고춧가루) 등을 넣을 수도 있다. 이 음료들의 유일한 공통점은 우유 대신 하프앤하프를 첨가한 라테에 뭔가를 얹었다는 점이다. 창의력을 발휘해, 이 레시피를 토대로 나만의 음료를 만들어보자.

에스프레소(70쪽)**: 60ml**

설탕: 1티스푼

하프앤하프: 300ml

소금: 소량

1. 에스프레소를 머그잔에 담고 설탕을 넣는다.
2. 하프앤하프를 넓은 유리잔이나 유리병에 넣고 매우 뜨겁지만 끓지 않을 정도로 전자레인지에 20~30초간 돌린다. 또는 하프앤하프를 소스팬에 넣고 중간 세기 불로 끓지 않도록 조심하며 5분간 가열한다.
3. 우유 거품기를 사용해 공기방울은 사라지고 중간 정도의 두꺼운 거품 층이 생길 정도로 20~30초간 하프앤하프에 거품을 낸다. 유리잔을 흔든 뒤 테이블 위에서 살짝 쳐서 공기방울을 터뜨린다. 필요하면 이 단계를 반복한다.
4. 스푼을 이용해 거품은 놔두고 하프앤하프만 에스프레소에 따른 후 남은 거품을 맨 위에 얹는다.
5. 소량의 소금을 뿌려 마무리한다.

레시피 팁 **대담한 사람이라면, 설탕 대신 카옌을 넣어 매운 맛을 더해보자!**

제5장

향이 첨가된 라테

이 장에서는 뜨거운 또는 차가운 클래식 라테에서 한발 더 나아가 창의적인 방법으로 나만의 음료를 만들 수 있는 아이디어와 기술을 다룬다. 스페셜티 커피의 세계에서 라테는 시그니처 음료로 만들 수 있는 가장 흔한 음료다. 바리스타들이나 집에서 커피를 내려 마시는 사람들도 부지런히 클래식 커피 음료인 라테를 자기만의 스타일로 만들어 마신다. 하루에도 당신이 상상할 수 있는 거의 모든 재료를 각양각색으로 조합한 수백 가지의 새로운 라테가 만들어지고 있다. 이 장에서는 가장 일반적면서도 맛있다고 생각하는, 간단한 재료를 가지고 집에서도 쉽게 만들 수 있는 라테 레시피를 소개한다. 여기서 소개하는 음료는 당신이 선호하는 어떤 에스프레소 추출 기구나 우유 거품기를 가지고도 만들 수 있다.

이 레시피에 익숙해지면, 부엌에 있는 재료를 새롭게 조합해보라. 당신이 발명한 새로운 음료에 놀라게 될지도 모른다!

바닐라 라테

바닐라보다 더 클래식한 라테가 있을까? 날씨가 어떻든, 기분이 어떻든, 연중 언제라도 커피숍에 가면 가장 많이 찾는 음료 중 하나다. 한 주가 시작되고 바닐라 라테를 벌써 세 번째 사려는 순간이라면, 이 간단한 레시피로 집에서 만들어보는 건 어떨지 고려해보길! 지갑이 당신에게 감사해 할 것이다.

필요한 도구

에스프레소 추출 기구

우유 거품기,
유리잔

에스프레소(70쪽): 60ml

우유: 300ml

바닐라 익스트랙: 1/2티스푼

설탕: 1티스푼

1. 에스프레소를 머그잔에 담는다.
2. 우유를 넓은 유리잔이나 유리병에 넣고 매우 뜨겁지만 끓지 않을 정도로 전자레인지에 30초간 돌린다. 또는 우유를 소스팬에 넣고 중간 불로 끓지 않도록 조심하며 5분간 가열한다.
3. 뜨거운 우유에 바닐라와 설탕을 넣고 설탕이 녹을 때까지 저어준다.
4. 우유 거품기를 사용해 공기방울은 사라지고 중간 정도의 두꺼운 거품 층이 생길 만큼 20~30초간 거품을 낸다. 유리잔을 흔든 뒤 테이블 위에서 살짝 쳐서 공기방울을 터뜨린다. 필요하면 이 단계를 반복한다.
5. 스푼으로 거품을 걷어내고 달콤한 바닐라 우유만 에스프레소에 따른 후, 남은 거품을 맨 위에 얹는다.

레시피 팁 달지 않은 바닐라 라테를 만들려면 설탕을 넣지 않는다.

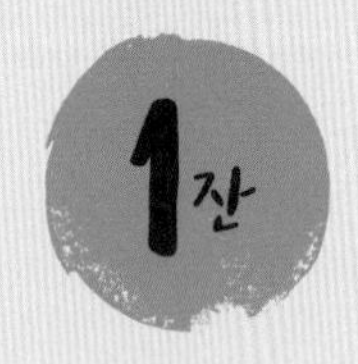

캐러멜 라테

필요한 도구

에스프레소 추출 기구

우유 거품기, 유리잔

소스팬
(캐러멜 소스를 만드는 경우)

캐러멜 라테는 라테 세계에서 또 다른 클래식 음료다. 거의 모든 커피숍 메뉴에서 캐러멜 라테를 찾아볼 수 있는데, 그럴 만한 이유가 있다. 캐러멜 소스나 시럽을 라테에 넣기만 하면 될 만큼 만들기가 쉽기 때문이다! 향미를 더욱 풍부하게 하기 위해 캐러멜 시럽을 직접 만드는 커피숍도 있다. 산뜻한 맛을 내는 최상의 캐러멜 라테를 만들기 위해서는 프리미엄 캐러멜 소스를 사용하거나 소스를 직접 만들어 사용하는 것을 추천한다!

재료 팁 **나만의 캐러멜 소스를 만들어보자! 만들기도 쉽고 사는 것보다 저렴하다. 설탕 1컵을 소스팬에 넣고 중간 불로 녹을 때까지 계속해서 약 10분간 저어준다. 가염버터 6티스푼을 넣고 버터가 녹아서 섞일 때까지 저어준다. 계속 저으면서 헤비(휘핑)크림 1/2컵을 넣는다. 약 15분간 식힌다.**

에스프레소(70쪽)**: 60ml**

우유: 300ml

캐러멜 소스: 2테이블스푼
(92쪽의 재료 팁 참고)

캐러멜 소스: 조금
(드리즐용)

설탕: 1테이블스푼(선택)

1. 에스프레소를 머그잔에 담는다.
2. 우유를 넓은 유리잔이나 유리병에 넣고 매우 뜨겁지만 끓지 않을 정도로 전자레인지에 30초간 돌린다. 또는 우유를 소스팬에 넣고 중간 불로 끓지 않도록 조심하며 5분간 가열한다.
3. 뜨거운 우유에 캐러멜 소스와 설탕(사용할 경우)을 넣고 녹을 때까지 저어준다.
4. 우유 거품기를 사용해 공기방울은 사라지고 두꺼운 거품 층이 생길 때까지 20~30초 동안 거품을 낸다. 유리잔을 흔든 뒤 테이블 위에서 살짝 쳐서 공기방울을 터뜨린다. 필요하면 이 단계를 반복한다.
5. 스푼을 이용해 거품은 놔두고 우유만 에스프레소에 따른 후 남은 거품을 맨 위에 얹는다.
6. 위에 캐러멜 소스를 뿌린다.

레시피 팁 솔트 캐러멜 라테를 만들려면 캐러멜과 설탕을 넣고 저을 때 소금을 약간 넣고 마지막으로 맨 위에 한 번 더 소금을 약간 뿌려준다.

재미있는 사실 라테는 인기가 매우 많아 바리스타들의 세계에서는 '라테 아트'라는 것이 유행이다. 이는 스페셜티 커피숍에서 라테 위에 디자인을 가미해 나뭇잎, 꽃, 하트, 백조 등의 작품을 창조하는 것을 말한다. 일부 바리스타들은 라테 아트의 수준을 한 차원 높여 염료와 추출물을 사용해 다채로운 작품을 선보이기도 한다. 당신이 거주하는 도시에서 열리는 라테 아트 경연대회가 있다면 한번 가보기를 추천한다!

COFFEE BREAK! 커피와 건강에 관한 단상

간에 좋다! 연구 결과에 따르면 커피를 많이 마실수록 간 손상률과 염증률이 낮아진다고 한다.

당신의 심장도 커피를 좋아한다! 연구에 따르면 커피를 마시는 사람들이 그렇지 않은 사람들에 비해 심장병에 걸릴 확률이 낮고, 동맥질환을 예방할 확률이 높다고 한다.

항산화 물질이 함유되어 있다! 커피에는 우리 몸에 아주 유익한 항산화 물질이 1000가지가 넘게 함유되어 있다. 이 물질들은 우리가 건강을 유지할 수 있게 해주고 세포가 손상되는 것을 방지한다.

뇌가 고마워한다! 커피는 단기 기억력 향상과 연관이 있으며, 커피를 꾸준히 마실 경우 장기적으로 인지력 저하를 예방해준다고도 알려져 있다.

결론 커피 자체가 '치료제'인 것은 아니지만, 생활의 일부분이 될 경우 여러 이점이 있다. 그러나 여기서 말하는 커피는 크림, 설탕, 기타 감미료가 잔뜩 들어간 커피가 아니라 블랙커피다. 커피에 넣는 첨가물을 조절하고 싶다면 설탕과 우유를 건강에 긍정적인 효과를 미치는 꿀과 아몬드 우유 등으로 대체하는 것을 고려해보자.

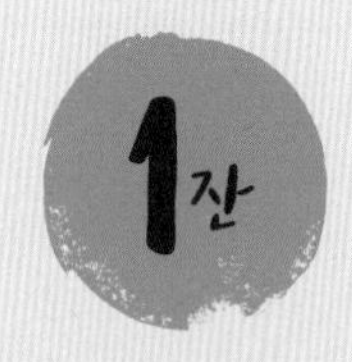

필요한 도구

에스프레소 추출 기구

우유 거품기, 유리잔

카페모카

클래식한 커피 음료인 카페모카의 이름에는 많은 사람들이 잘 모르는 역사가 담겨 있다. 모카라는 단어는 흔히 초콜릿과 커피의 조합을 의미하는 것으로 알려져 있지만, 사실 모카는 1700년대 중반 커피를 전 세계로 수출했던 예맨의 한 마을, 알모카를 이르는 말이다. 알모카에서 생산된 원두에 모카라는 이름이 붙었는데, 이 원두는 초콜릿 향미가 특징이다. 이 커피가 전 세계로 퍼져나가면서 언제부턴가 초콜릿과 아주 잘 어울린다는 사실이 드러나, 모카는 커피와 초콜릿의 조합을 일컫는 이름이 되었다. 그러나 '카페모카'라는 용어는 초콜릿 시럽이나 파우더를 섞은 라테를 의미하기 때문에 미국에서 탄생했을 확률이 높다.

에스프레소(70쪽)**: 60ml**

초콜릿 시럽: 2테이블스푼

우유: 300ml

바닐라 익스트랙: 1/4티스푼

휘핑크림: 장식용

1. 에스프레소를 머그잔에 담는다.
2. 에스프레소에 초콜릿 시럽과 바닐라를 넣고 섞어준다.
3. 우유를 넓은 유리잔이나 유리병에 담고 매우 뜨겁지만 끓지 않을 정도로 전자레인지에 20~30초간 돌린다. 또는 우유를 소스팬에 붓고 중간 불로 끓지 않도록 조심하며 5분간 가열한다.
4. 우유 거품기를 사용해 공기방울은 사라지고 두꺼운 거품 층이 생길 때까지 20~30초 동안 거품을 낸다. 유리잔을 흔든 뒤 테이블 위에서 살짝 쳐서 공기방울을 터뜨린다. 필요하면 이 단계를 반복한다.
5. 스푼을 이용해 거품은 놔두고 우유만 2의 에스프레소에 따른 후 남은 거품을 맨 위에 얹는다.
6. 휘핑크림을 원하는 만큼 얹는다.

레시피 팁 최상의 카페모카를 만들려면 고품질의 초콜릿 시럽을 사용해야 한다. 시럽을 직접 만들어 먹으면 더 좋다! 소스팬에 감미료가 첨가되지 않은 코코아 파우더 1컵, 설탕 1컵, 물 1컵, 소금 1/4티스푼을 넣고 중간 세기의 불로 끓을 때까지 가열한다. 끓는 채로 3~4분 정도 더 가열한 뒤 불을 끄고 바닐라 익스트랙을 1테이블스푼 넣고 저은 후에 식힌다. 식고 나면 더 걸쭉해진다.

라벤더 라테

필요한 도구

에스프레소 추출 기구

파인 메쉬 시브(거름망)

소형 소스팬

우유 거품기,
유리잔

"부드러운 담요와 책을 끼고 소파에 누워 따뜻한 라벤더 라테 한 잔 홀짝이는 것만 한 게 없다." — 아내

라벤더 라테는 커피 업계에서 상대적으로 최근에 나온 음료이지만 인기가 대단하다. 누가 처음으로 만들었는지 확실히 알기는 힘들지만 누가 만들었든, 훌륭한 생각이다. 라벤더는 수천 년 동안 진정제로 쓰여 왔기 때문에 커피와 짝을 이루어 카페인의 효과를 완화해준다. 라벤더와 커피가 서로를 중화시켜 에너지와 집중력이라는 카페인의 효과를 살리면서도, 진정과 스트레스 완화 효과까지 더한다.

에스프레소(70쪽)**: 60ml**

우유: 300ml

라벤더 버드: 1티스푼
(쉽게 구할 수 있는 요리용으로)

꿀: 1티스푼
(필요하면 더 추가한다)

1 에스프레소를 머그잔에 담는다.
2 소형 소스팬에 우유, 라벤더, 꿀을 넣고 중간 불로 가열한다. 주의 깊게 지켜보며 보글보글 끓을 때까지 5분 정도 가열한다. 거름망을 사용해 넓은 유리잔이나 유리병에 우유를 거른다. 걸러진 라벤더 버드를 처리한다.
3 우유 거품기를 사용해 공기 방울은 사라지고 두꺼운 거품 층이 생길 때까지 20~30초 동안 거품을 낸다. 유리잔을 흔든 뒤 테이블 위에서 살짝 쳐서 공기방울을 터뜨린다. 필요하면 이 단계를 반복한다.
4 스푼을 이용해 거품은 놔두고 우유만 에스프레소에 따른 후 남은 거품을 맨 위에 얹는다.

레시피 팁 라벤더 라테를 여러 잔 만들 작정이라면, 라벤더와 꿀을 섞어 사용하기보다 라벤더 시럽을 간단히 만들어 사용해보자. 물 1/2컵과 요리용 라벤더 버드(꽃봉오리) 1/4컵을 소형 소스팬에 넣고 끓을 때까지 센 불로 가열한다. 끓기 시작하면 약한 불로 줄이고 2분 정도 더 보글보글 끓인다. 불을 끄고 식힌 후 라벤더 버드를 건져낸다. 라벤더 물 반에 설탕 1/2컵을 넣고 가끔 저어주면서 3~4분 정도 보글보글 끓인다. 나머지 라벤더 물도 다 넣고 설탕이 완전히 녹을 때까지 저어주면서 가열한다. 밀봉된 용기에 넣고 냉장고에 최대 2주까지 보관 가능하며, 라벤더 라테 한 잔당 1~2테이블스푼을 사용한다.

펌킨 스파이스 라테

필요한 도구

에스프레소 추출 기구

소형 소스팬

우유 거품기, 유리잔

전형적인 가을 음료. 펌킨 스파이스 라테는 2003년 스타벅스 직원 피터 듀크스가 가을 신 메뉴에 추가할 것을 제안하면서 탄생했다. 이 음료가 대박이 날 것이라고는 아무도 상상하지 못했다. 지금은 나뭇잎이 물들기 시작할 때나 그 전부터 펌킨 스파이스 라테의 약자인 PSL, 또는 비슷한 음료를 거의 모든 커피숍의 메뉴에서 찾아볼 수 있다! 펌킨 스파이스 라테는 많은 사람들에게 공식적인 가을의 시작을 알리는 표시가 되었다.

레시피 팁 **메이플 시럽은 펌킨 스파이스 라테를 달콤하게 만들어준다. 호박 향이 강하고 덜 단 음료를 선호한다면, 시럽을 빼거나 양을 조절한다.**

에스프레소(70쪽)**: 60ml**

우유: 300ml

펌킨 퓨레: 1테이블스푼
(캔으로 된 것)

메이플 시럽: 1테이블스푼
(선택)

바닐라 익스트랙: 1티스푼

펌킨 파이 스파이스: 1/2티스푼

1 에스프레소를 머그잔에 담는다.

2 소형 소스팬에 우유, 펌킨 퓨레, 메이플 시럽(사용할 경우), 바닐라, 펌킨 파이 스파이스를 넣고 중간 세기 불로 가열한다. 주의깊게 지켜보면서 매우 뜨겁지만 끓지는 않을 정도로 5분간 계속해서 저어준다. 뜨거워진 음료를 넓은 유리잔이나 유리병에 붓는다.

3 우유 거품기를 사용해 공기 방울은 사라지고 두꺼운 거품 층이 생길 때까지 20~30초 동안 거품을 낸다. 유리잔을 흔든 뒤 테이블 위에서 살짝 쳐서 공기방울을 터뜨린다. 필요하면 이 단계를 반복한다.

4 스푼을 이용해 거품은 놔두고 우유만 에스프레소에 따른 후 남은 거품을 맨 위에 얹는다. 나무에서 떨어지는 낙엽을 감상하며 펌킨 스파이스 라테를 즐긴다.

진저브레드 라테

필요한 도구

에스프레소 추출 기구

우유 거품기,
유리잔

진저브레드 쿠키를 마시는 듯한 맛이다. 겨울이 다가오면, 모두가 겨울 휴가 기간에 먹는 진저브레드 쿠키를 찾기 시작한다. 따뜻한 음료의 형태보다 진저브레드 쿠키를 즐기는 더 좋은 방법이 또 있을까? 이번 크리스마스에는 난로 옆에 편안히 앉아 떨어지는 눈송이를 보면서 진저브레드 라테를 한 잔 마셔보자.

레시피 팁 **올스파이스나 정향 같은 겨울 향신료를 사용해보자. 집에서 만든 휘핑크림과 진저브레드 쿠키를 얹어 디저트로도 만들 수 있다.**

에스프레소(70쪽): 60ml

당밀: 2티스푼

황설탕: 1티스푼
(또는 필요한 만큼)

시나몬 가루: 1/2티스푼

생강 가루: 1/2티스푼

바닐라 익스트랙: 1/4티스푼

육두구 가루: 1/8티스푼

우유: 300ml

1. 에스프레소를 머그잔에 담는다.
2. 에스프레소에 당밀, 황설탕, 시나몬, 생강, 바닐라, 육두구를 넣고 저어 섞는다.
3. 우유를 넓은 유리잔이나 유리병에 넣고 매우 뜨겁지만 끓지 않을 정도로 전자레인지에 30초간 돌린다. 또는 우유를 소스팬에 넣고 중간 세기 불로 끓지 않도록 조심하며 5분간 가열한다.
4. 우유 거품기를 사용해 공기 방울은 사라지고 두꺼운 거품 층이 생길 때까지 20~30초 동안 거품을 낸다. 유리잔을 흔든 뒤 테이블 위에서 살짝 쳐서 공기방울을 터뜨린다. 필요하면 이 단계를 반복한다.
5. 스푼을 이용해 거품을 놔두고 우유만 2의 에스프레소에 붓는다. 남은 우유 거품을 맨 위에 얹는다.

메이플 라테

필요한 도구

에스프레소 추출 기구

우유 거품기, 유리잔

버몬트 주의 커피라고 할 수 있다. 이미 부엌에 있을 법한 재료들로 집에서 아주 간단히 만들 수 있는 라테다. 하지만 매우 맛있어서 자꾸만 다시 찾게 될 것이다. 메이플 시럽을 베이스로 하는 음료는 2년 전 커피 업계에서 대히트를 치면서 제2의 펌킨 스파이스 라테가 될 것으로 예상되었다. 펌킨 스파이스 라테의 자리까지 차지하지는 못한 듯 보이지만 확실히 인기는 많다.

레시피 팁 **이미 맛있는 메이플 라테의 향미를 한층 더 풍부하게 만들고 싶다면, 우유를 데우기 전에 바닐라 익스트랙 1/4티스푼과 시나몬 가루를 조금 넣어준다.**

에스프레소(70쪽)**: 60ml**

메이플 시럽: 1~2테이블스푼

우유: 300ml

시나몬 가루: 장식용

1. 에스프레소를 머그잔에 담고, 메이플 시럽을 넣어 섞는다.
2. 우유를 넓은 유리잔이나 유리병에 넣고 매우 뜨겁지만 끓지 않을 정도로 전자레인지에 30초간 데운다. 또는 우유를 소스 팬에 넣고 중간 세기 불로 끓지 않도록 조심하며 5분간 가열한다.
3. 우유 거품기를 사용해 공기 방울은 사라지고 두꺼운 거품 층이 생길 때까지 20~30초 동안 거품을 낸다. 유리잔을 흔든 뒤 테이블 위에서 살짝 쳐서 공기방울을 터뜨린다. 필요하면 이 단계를 반복한다.
4. 스푼을 이용해 거품은 놔두고 우유만 에스프레소에 붓는다. 남은 우유 거품을 맨 위에 얹는다.
5. 라테 위에 시나몬 가루를 뿌린다.

필요한 도구

에스프레소 추출 기구

우유 거품기,
유리잔

더티 차이 라테

차이 티와 라테 중에서 무얼 마실지 고르지 못하겠다면? 둘 다 마시면 된다! 마살라 차이는 인도에서 미국으로 건너온 향신료를 넣은 홍차로 이제 대부분의 커피숍에서 흔히 볼 수 있다. 마살라 차이에 일반적으로 사용되는 향신료는 정향, 카르다몸, 시나몬, 생강, 후추 등이다. 더티 차이 라테는 간단히 에스프레소 1샷과 우유, 마살라 차이를 섞으면 된다. 더티 차이 라테는 소량의 카페인은 물론, 부드럽고 달콤한 라테의 향미와 차이의 따뜻하고 매운 향미를 함께 선사한다.

차이 티백: 1개

끓는 물: 120ml

에스프레소(70쪽): 60ml

우유: 180ml

설탕

1. 머그잔에 끓는 물을 붓고 티백을 넣는다. 6분간 티백을 우려낸다. 티백을 꺼내 버린다.
2. 에스프레소를 차이에 넣고 설탕을 원하는 만큼 넣는다.
3. 우유를 넓은 유리잔이나 유리병에 넣고 매우 뜨겁지만 끓지 않을 정도로 전자레인지에 30초간 데운다. 또는 우유를 소스팬에 넣고 중간 세기 불로 끓지 않도록 조심하며 5분간 가열한다.
4. 우유 거품기를 사용해 공기 방울은 사라지고 두꺼운 거품 층이 생길 때까지 20~30초 동안 거품을 낸다. 유리잔을 흔든 뒤 테이블 위에서 살짝 쳐서 공기방울을 터뜨린다. 필요하면 이 단계를 반복한다.
5. 스푼을 이용해 거품은 놔두고 우유만 차이와 에스프레소가 섞인 머그잔에 부어준다. 남은 우유 거품은 맨 위에 얹는다.

레시피 팁 **티백을 우려내지 않고 차이 농축액을 사용해도 된다. 차이 농축액 120ml로 대체하면 된다.**

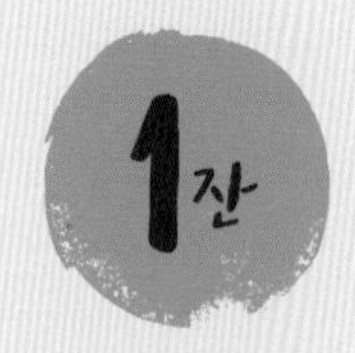

필요한 도구

에스프레소 추출 기구

소형 소스팬

우유 거품기,
유리잔

더티 말차 라테

말차는 차 애호가들이 매우 좋아하는 차 종류 중 하나다. 전통적으로 일본에서 생산되는 말차는 특별한 방법으로 재배한 녹차 잎을 입자가 매운 고운 가루로 만든 후 물과 섞어 만드는, 구수한 맛이 나는 맛있는 음료다. 유익한 항산화 물질이 많이 함유되어 있어 건강에도 좋다. 더티 차이 라테(112쪽)와 마찬가지로 말차 라테에 에스프레소 1샷을 섞기만 하면 된다. 녹차에 함유된 카페인 때문에 더티 말차 라테는 일반 커피보다 카페인 함유량이 높다. 항상 똑같은 아침 커피를 바꾸어보고 싶다면, 더티 말차 라테를 시도해보자!

에스프레소(70쪽)**: 60ml**

우유: 240ml

말차 가루: 1티스푼
(프리미엄 무가당)

설탕(선택)

1 머그잔에 에스프레소를 담는다.
2 소형 소스팬에 우유, 말차, 설탕(사용하는 경우)을 넣고 중간 불로 가열한다. 매우 뜨겁지만 끓지는 않을 정도로 이따금씩 저어 주며 5분간 가열한다.
3 우유 거품기를 사용해 공기 방울은 사라지고 두꺼운 거품 층이 생길 때까지 20~30초 동안 거품을 낸다. 유리잔을 흔든 뒤 테이블 위에서 살짝 쳐서 공기방울을 터뜨린다. 필요하면 이 단계를 반복한다.
4 스푼을 이용해 거품은 놔두고 말차 우유를 에스프레소에 붓는다. 남은 우유 거품을 맨 위에 얹는다.

레시피 팁 **말차 가루는 종류가 다양하다. 가장 품질이 좋은 말차 가루에는 '다도용**(ceremonial)**'이라는 라벨이 붙어 있다. 가장 비싼 제품이기도 하다. 너무 비싸다면, 요리용 말차 가루도 괜찮다. 말차는 식료품점과 온라인 쇼핑몰에서 쉽게 찾을 수 있다.**

필요한 도구

에스프레소 추출 기구

우유 거품기,
유리잔

시나몬 허니 라테

전통적인 라테가 아닌 다른 뭔가가 마시고 싶을 때 선택할 수 있는 훌륭한 라테다. 따뜻한 시나몬 허니 라테를 마시고 있으면 할머니 댁 식탁에 앉아 오븐에 있는 스니커두들(미국에서 즐겨먹는 쿠키-옮긴이)이 구워지기를 기다리고 있는 듯한 느낌이 들 것이다. 시나몬에서 나오는 온기와 꿀과 바닐라의 달콤함이 완벽한 균형을 이루는 시나몬 허니 라테는, 하루의 첫 라테나 자기 전 마지막 라테(물론 디카페인으로)로도 손색이 없다.

에스프레소(70쪽): 60ml

꿀: 2티스푼
(또는 그 이상)

바닐라 익스트랙: 1/2티스푼

시나몬 가루: 1/4티스푼
(또는 그 이상)

우유 300ml

1 에스프레소를 담은 머그잔에 꿀, 바닐라, 시나몬을 넣고 저어 준다.
2 우유를 넓은 유리잔이나 유리병에 넣고 매우 뜨겁지만 끓지는 않을 정도로 전자레인지에 30초간 데운다. 또는 우유를 소스팬에 넣고 중간 불로 끓지 않도록 조심하며 5분간 가열한다.
3 우유 거품기를 사용해 공기 방울은 사라지고 두꺼운 거품 층이 생길 때까지 20~30초 동안 거품을 낸다. 유리잔을 흔든 뒤 테이블 위에서 살짝 쳐서 공기방울을 터뜨린다. 필요하면 이 단계를 반복한다.
4 스푼을 이용해 거품은 놔두고 우유를 1의 에스프레소에 부은 후 남은 우유 거품을 맨 위에 얹는다.
5 약간의 시나몬과 꿀을 곁들인다.

제 6 장

냉동 음료와 밀크셰이크

이 장은 많은 커피 애호가들을 광활한 커피의 세계로 처음 이끌었던 음료들을 소개한다. 커피의 쓴맛에 익숙하지 않았던 많은 이들을, 평생 커피를 마시도록 바꾼 관문 역할을 한 음료들이다. 커피 초보들이 아이스크림, 설탕, 기타 다양한 향료가 섞인 달콤한 커피를 처음에 시도하는 이유는 명확하다. 이러한 커피들은 보통 커피에 입문하기 좋은 음료일 뿐 아니라, 더운 날 열을 식히거나 디저트로 먹기 좋은 음료이기도 하기 때문이다. 단점은 커피숍에서 사서 마실 경우 가격이 비싸다는 점이다. 커피숍에 따라 4000~7000원까지 가격대가 다양한 이 음료들 때문에 지갑이 털릴 수도 있다!

이 장에서 그 음료들을 집에서도 손쉽게 만드는 법을 다룬다. 잘 익히면 돈도 절약하고, 더욱 입맛에 맞게 제조할 수 있을 것이다.

돈을 절약하기 위해 뭔가를 집에서 만들 때는 품질을 희생하는 경우가 많지만 이 레시피로 음료를 만든다면 그럴 필요가 없다. 인근 커피숍에서 사먹는 어떤 프라페나 밀크셰이크에도 뒤지지 않는 또는, 그에 필적하는 음료를 만들 수 있을 것이다.

또 한 가지 알아둘 점은 이 장의 레시피에 있는 음료들은 따뜻한 커피든, 콜드 브루든, 에스프레소든 기호에 맞게 만들어 먹을 수 있다는 것이다.

COFFEE BREAK! 커피는 과일이다

대부분의 사람들은 커피가 블루베리보다 약간 더 큰 과일이라는 사실을 알지 못한다. 커피는 나무에서 자라고 빨간색, 주황색, 노란색 등 색깔이 다양하다. 우리가 굽고, 분쇄하고, 추출하는 원두는 과일의 씨에 불과하다. 커피 체리는 보통 그 자체로 먹지는 않는다. 그러나 최근 커피 체리를 가루나 차 등으로 만들어보려는 시도가 이루어지고 있다.

커피를 마시는 평범한 사람에게는 별 상관이 없어 보일지도 모른다. 그러나 커피가 다양한 풍미를 낸다는 점을 고려하면 중요한 일이다. 꽃 향이나 감귤 향, 과일 향이 나는 커피가 있는가 하면 고소한 풍미나 초콜릿 향이 나는 커피도 있다. 커피 체리 자체와 커피 체리가 재배되는 곳(고도와 지형)은 커피 원두의 풍미에 영향을 미친다.

커피 체리에 관한 연구에 따르면 최근 커피 업계에 '세 번째 물결'이 일기 시작했는데, 이는 커피 원두에서 과일 향이나 다른 숨겨진 풍미를 이끌어내려는 움직임을 말한다. 최근 몇 년간 탄력을 받고 있는 이 운동은 향후 몇 년간 커피 문화에서 더욱 두드러질 것이다. 그러니 다음번에 누군가 커피는 어디에서 온 거냐고 물어보면, 과일의 씨라고 대답해주자!

모카 프라페

필요한 도구

에스프레소 추출 기구

블렌더

커피가 들어간 초콜릿 밀크셰이크다. 이보다 더 좋은 게 있을까? 뜨거운 여름날 마당에서 작업을 하고 나면, 기분을 좋게 만들어주는 시원한 음료 한 잔이 필요하다. 이럴 때 딱 맞는 모카 프라페를 나에게 대접하자. 모카 프라페는 기본적으로 모카 라테에 바닐라 아이스크림을 약간 추가한 버전이다. 인생에서 아이스크림이 필요하지 않은 사람이 어디 있을까?

에스프레소(70쪽)**: 60ml**
(차갑게 식힌 것)

바닐라 아이스크림: 1컵

얼음: 1컵

우유: 120ml

초콜릿 시럽: 2테이블스푼

휘핑크림: 장식용

1 블렌더에 에스프레소, 아이스크림, 얼음, 우유, 초콜릿 시럽을 넣는다. 부드러워질 때까지 섞는다.

2 휘핑크림을 원하는 만큼 얹는다.

레시피 팁 **초콜릿 향을 더 느끼고 싶다면, 바닐라 아이스크림 대신 초콜릿 아이스크림을 넣어보자.**

필요한 도구

에스프레소 추출 기구

블렌더

베리 바닐라 프라페

바닐라 프라페는 커피가 함유되지 않은 경우가 많아, 기본적으로 바닐라 밀크셰이크라고 할 수 있다. 하지만 이 레시피에는 카페인이 충분히 들어간다! 에스프레소 1샷으로 밋밋한 바닐라 프라페에 에너지를 돋우는 기분 좋은 커피 향을 추가하자. 바닐라 아이스크림과 함께 바닐라 익스트랙까지 넣으면 이름에 걸맞은 음료가 된다.

에스프레소(70쪽)**: 60ml**
(차갑게 식힌 것)

바닐라 아이스크림: 1컵

얼음: 1컵

우유: 120ml

바닐라 익스트랙: 1/4티스푼

휘핑크림: 장식용

1. 블렌더에 에스프레소, 아이스크림, 얼음, 우유, 바닐라 익스트랙을 넣는다. 부드러워질 때까지 섞는다.
2. 휘핑크림을 원하는 만큼 얹는다.

재미있는 사실 당신의 고양이가 오래오래 행복하게 살기를 원한다면 고양이에게 매일 커피를 주면 된다! 기네스 세계 기록을 보유한 '장수 고양이'는 평생 아침에 커피를 마셨다. 그 고양이의 이름은 크림 퍼프이며, 38년을 살았다고 한다!

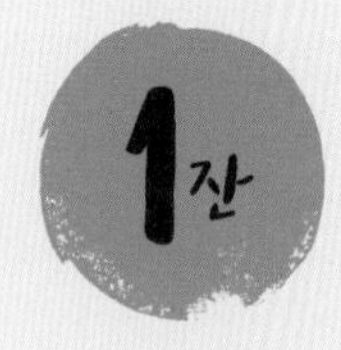

필요한 도구

에스프레소 추출 기구

블렌더

민트 초코칩 프라페

민트 초코칩은 클래식한 아이스크림 중 하나다. 여기에 커피를 더하면 어떨까? 민트 초코칩 프라페는 모두가 좋아하는 커피와 초콜릿을 조합하고 상큼한 민트로 마무리한 음료다. 달콤하고, 부드럽고, 신선하다.

에스프레소(70쪽)**: 60ml**
(차갑게 식힌 것)

민트 초코칩 아이스크림: 1컵

얼음: 1컵

우유: 120ml

초코칩: 원하는 만큼

휘핑크림: 장식용

1 블렌더에 에스프레소, 아이스크림, 얼음, 우유를 넣는다. 부드러워질 때까지 섞는다.
2 초코칩을 넣고 잘게 부순다.
3 휘핑크림을 원하는 만큼 얹는다.

레시피 팁 **초콜릿 민트 초코칩 프라페를 만들려면 초콜릿 시럽을 2테이블스푼 추가한다.**

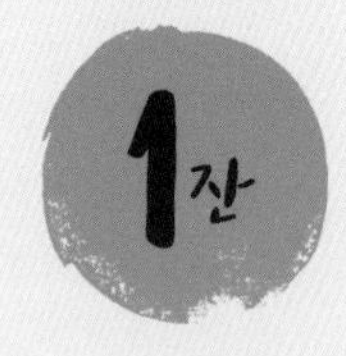

솔티 캐러멜 프라페

필요한 도구

에스프레소 추출 기구

블렌더

솔티 캐러멜은 많은 이들이 가장 좋아하는 맛이다. 입천장에서 느껴지는 짭짤함과 달달함의 조화는 기분을 좋게 한다. 1970년대 앙리르후라는 프랑스 쇼콜라티에가 바다소금과 캐러멜을 함께 사용한 것이 최초의 기록이다. 이후 이 두 조합이 음식 세계를 사로잡았고, 솔티 캐러멜 음료도 예외가 아니었다. 솔티 캐러멜 프라페 한 모금은 당신의 미각을 자극할 뿐 아니라 짭짤하고 달달한 것에 대한 욕구까지 완벽하게 채워줄 것이다!

레시피 팁 **가장 맛있는 솔티 캐러멜 프라페를 만들려면 나만의 캐러멜 소스를 직접 만들어 사용하면 좋다**(96쪽 재료 팁 참고).

에스프레소(70쪽): 60ml
(차갑게 식힌 것)

바닐라 아이스크림: 1컵

얼음: 1컵

우유: 120ml

캐러멜 소스: 2테이블스푼
(96쪽의 재료 팁 참고)

캐러멜 소스: 조금(드리즐용)

소금: 1/2티스푼
(고운 바다소금이 좋다)

휘핑크림: 장식용

1 블렌더에 에스프레소, 아이스크림, 얼음, 우유, 캐러멜 소스, 소금을 넣는다. 부드러워질 때까지 섞는다.

2 휘핑크림을 원하는 만큼 얹은 후 캐러멜 소스를 뿌린다.

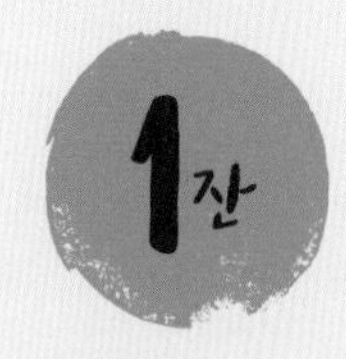

아포가토

필요한 도구

에스프레소 추출 기구

이 클래식한 이탈리아 디저트의 이름은 "물에 빠진"이라는 뜻의 이탈리아어에서 유래했다. 아포가토는 갓 추출한 뜨거운 에스프레소에 '빠진' 바닐라 젤라또 1스쿠프로 구성되는데, 이 둘은 없어서는 안 될 이탈리아산 재료다. 지금까지 본 레시피 중에 가장 쉽지만 가장 만족스러울 것이다. 저녁식사 파티에서 손님들에게 대접할 만한 고급 디저트다. 뜨거움과 차가움, 고체와 액체, 쌉쌀함과 달콤함이 대조를 이루는 아포가토는 무엇을 고를지 마음을 정하지 못하는 이들을 위한 좋은 선택이다.

바닐라 젤라또
또는
바닐라 아이스크림: 1 스쿠프

에스프레소(70쪽): 60ml

1 작은 유리잔에 젤라또나 아이스크림을 담고 그 위에 에스프레소를 붓는다.

레시피 팁 커피 업계는 이 클래식한 음료를 다양하게 만들어보는 실험을 계속하고 있는데, 당신도 한번 해보기를 권한다! 다양한 아이스크림이나 젤라또를 넣어보거나, 색다른 반전을 위해 아이리시 크림 또는 헤이즐넛 리큐어를 시도해보는 것도 좋다.

아이스커피 단백질 셰이크

필요한 도구

콜드 브루 메이커
또는
커피 추출 기구

블렌더

누구든지 최소한 가끔은 아침을 거른다고 할 수 있을 것이다. 하지만 커피를 많이 마시는 사람들은 아침은 걸러도 커피는 거르지 못할 것이다. 아침식사도 되고 커피도 되는 음료를 만들어보는 건 어떨까? 평소에 먹는 카페인도 포기하지 않으면서 하루를 시작하는 데 필요한 단백질까지! 아이스커피 단백질 셰이크는 콜드 브루나 어제 아침에 마시고 냉장고에 보관해둔 남은 커피로 만들어도 된다. 다음번에 아침을 거르고 싶은 유혹이 든다면, 아이스커피 단백질 셰이크를 시도해보자!

콜드 브루(50쪽)
또는
커피: 120~180ml
(차갑게 식힌 것)

우유: 120ml

바나나: 1/2개(잘 익은 것)

바닐라(초콜릿) **단백질 파우더: 1스쿠프**

얼음: 1~2컵

1 블렌더에 콜드 브루와 우유, 바나나, 단백질 파우더를 넣는다. 부드러워질 때까지 섞어 준다.

2 얼음을 조금씩 넣으며 원하는 정도로 크리미해질 때까지 섞는다.

레시피 팁 **아무 우유나 사용해도 된다. 하지만 우유를 넣고 싶지 않다면 무가당 아몬드 우유를 추천한다.**

필요한 도구

커피 추출 기구

블렌더

둘세 데 레체 커피 밀크셰이크

캐러멜의 가장 가까운 친척뻘인 둘세 데 레체는 이 레시피의 핵심이다. 당신도 나처럼 둘세 데 레체를 좋아한다면 이 페이지를 표시해 놓아야 할 것이다. 둘세 데 레체 커피 밀크셰이크는 크리미함과 풍부함, 만족스러운 맛이 느껴진다. 인류에게 알려진 최상의 것(커피)과 그다음으로 좋은 것(아이스크림)이 더해지면서 천사들이 일상적으로 마실법한 음료가 되었다.

바닐라 아이스크림: 1과 1/2컵

커피: 180ml(차갑게 식힌 것)

둘세 데 레체: 2테이블스푼

휘핑크림: 장식용

1 블렌더에 아이스크림과 커피, 둘세 데 레체 1테이블스푼을 넣는다. 부드럽고 크리미해질 때까지 섞어준다.

2 휘핑크림을 원하는 만큼 올리고 남은 둘세 데 레체 1테이블스푼을 얹는다.

보너스 팁 **당신의 둘세 데 레체 커피 밀크셰이크를 슬쩍하려고 혈안이 된 사람들 사이에서 재빨리 도망칠 수 있게 음료를 만들 준비를 하는 동안 출구도 확보해 놓는다.**

코코넛 커피 스무디

필요한 도구

커피 추출 기구

블렌더

아침식사 대용으로 커피와 스무디를 만들기 위해 서두르는 당신의 모습을 떠올려보자. 이제 그 둘을 하나로 만드는 상상을 해보자. 자, 이제 정말 하나로 만들었으니 상상은 그만! 코코넛 커피 스무디는 코코넛 우유와 바닐라와 함께, 달콤하고 풍부한 향미를 내는 커피가 주는 즐거움을 더한, 아침식사 대용으로 훌륭한 스무디다. 기호에 따라 얼마든지 다양한 재료들을 더하거나 빼도 된다.

커피: 120ml(얼린 것)

바나나: 1개(얼린 것)

코코넛 우유: 240ml

바닐라 익스트랙: 1티스푼

코코넛 플레이크: 장식용

시나몬 가루: 장식용

1. 블렌더에 얼린 커피, 바나나, 코코넛 우유, 바닐라를 넣는다. 부드러워질 때까지 섞어준다.
2. 기호에 따라 코코넛 플레이크나 시나몬 가루를 얹는다.

레시피 팁 **건강을 의식하는 사람들은 이 레시피에 치아씨와 아마씨를 더하기도 한다. 건강에 신경을 쓴다면 시도해보자!**

필요한 도구

콜드 브루 메이커
또는
커피 추출 기구

블렌더

콜드 브루 밀크셰이크

콜드 브루는 그 부드러운 맛 덕분에 지속적인 찬사를 받고 있다. 이 레시피는 콜드 브루의 부드러움을 한층 더 높여준다. 아이스크림과 짝을 이룬 콜드 브루보다 더 부드러운 것이 있을까?

콜드 브루(50쪽)**: 240ml**
(차갑게 식힌 것)

바닐라 아이스크림: 1컵

휘핑크림: 장식용

1 블렌더에 콜드 브루와 아이스크림을 넣는다. 부드럽고 크리미해질 때까지 섞는다.

2 휘핑크림을 원하는 만큼 얹는다.

레시피 팁 **모카 콜드 브루를 만들려면, 휘핑크림 위에 초콜릿 시럽을 2테이블스푼 뿌려준다. 체리를 얹는 게 당신의 스타일이라면 체리를 얹어도 된다!**

필요한 도구

에스프레소 추출 기구

블렌더

스모어 에스프레소 밀크셰이크

스모어를 구워 먹지 않았다면 캠프파이어는 끝난 게 아니다. 스모어를 불에 구워먹는 것은 캠프파이어에서 빼놓을 수 없는 과정이다. 스모어 레시피를 부엌으로 끌어 들여 아이스크림, 커피와 함께 묶으면 어떨까? 너무 환상적으로 들리지만 사실 이 조합은 꽤 쉽고 결과는 정말 맛있다. 마시멜로 스틱을 내려놓고 부엌으로 들어가 스모어 에스프레소 밀크셰이크를 만들어보자!

에스프레소(70쪽)**: 60ml**
(차갑게 식힌 것)

바닐라 아이스크림: 2컵

마시멜로 크림: 1/4컵

초콜릿 시럽: 1테이블스푼

휘핑크림: 장식용

그래이엄 크래커: 1테이블스푼
(잘게 부순 것)

1. 블렌더에 에스프레소, 아이스크림, 마시멜로 크림을 넣는다. 부드러워질 때까지 섞는다.
2. 초콜릿 시럽 1과 1/2티스푼을 유리잔 내부를 따라 흘린다.
3. 초콜릿 시럽을 흘린 유리잔에 1의 밀크셰이크를 넣고 휘핑크림을 원하는 만큼 얹는다.
4. 남은 초콜릿 시럽 1과 1/2티스푼을 위에 뿌리고, 잘게 부순 그래이엄 크래커도 뿌린다.

레시피 팁 **스모어 에스프레소 밀크셰이크를 더 맛있게 먹고 싶다면, 유리잔의 가장자리를 따라 초콜릿 시럽과 잘게 부순 그래이엄 크래커를 듬뿍 뿌려 초콜릿 그래이엄 크래커 테두리를 만들어보자!**

제7장

커피 칵테일

어떤 사람들에게 커피 칵테일은 일석이조라고 할 수 있다. 클래식 커피의 부드러운 맛과 리큐어의 강렬함이 결코 실망시키지 않는 황홀한 경험을 선사한다. 최근 몇 년간 크래프트 커피 운동과 크래프트 칵테일 운동 모두 엄청난 탄력을 받았다. 그중에서도 특히 크래프트 칵테일 운동의 핵심은 다양한 종류의 알코올을 보완하는 고유의 재료를 사용하는 데 있다.

1983년 딕 브래드셀이 에스프레소 마티니(본래는 보드카 에스프레소라고 불렸다)를 만든 이후 커피, 콜드 브루 또는 에스프레소를 섞은 칵테일 수가 늘어났다. 커피 산업과 칵테일 산업이 손을 잡고 음료를 만드는 데 필요한 재료와 방법을 더욱 발전시키기 위해 노력하면서, 무궁무진한 맛의 칵테일들이 탄생하게 되었다.

이 장은 그중에서도 집에서 만들 수 있는 가장 일반적인 음료들을 소개한다. 재료는 근처 주류 판매

점이나 마트에서 쉽게 찾을 수 있고, 커피, 콜드 브루 또는 에스프레소와 함께 짝을 이룬다. 이 책에 담겨 있는 다른 모든 레시피와 마찬가지로 필요 또는 기호에 따라 재료의 양을 조절하거나 다른 재료로 대체해도 된다.

추신: 이 장은 많은 친구를 많이 사귀는 데 도움이 될 것이다.

COFFEE BREAK! 커피와 알코올

커피와 알코올을 섞어 만든 최초의 음료 중 하나는 런던 소호 브라세리에서 일하는 딕 브래드셀이 만든 에스프레소 마티니다. 그가 일하는 바 안으로 들어온 손님이 잠이 깨면서도 취할 수 있는 음료를 달라고 했다. 그러자 그의 머릿속에서 커피와 보드카를 섞어보자는 생각이 자연스럽게 먼저 떠올랐다! 원래 에스프레소 마티니는 보드카, 에스프레소, 설탕 시럽, 깔루아, 티아마리아로 구성되어 있었다. 하지만 시간이 흐르면서 다양한 이름과 형태의 칵테일로 발전했고 전 세계적인 클래식 칵테일이 되었다.

에스프레소 마티니가 손님의 잠을 깨워주고 알코올도 공급해준 것은 물론이다! 하지만 술에서 깨려고 커피를 마시는 건 사실 별다른 효과가 없다. 안타깝지만 과음의 유일한 치료제는 시간이고, 이는 커피가 해줄 수 없는 것이다! 취한 상태에서 카페인을 마실 경우 에너지를 얻는 효과가 있어서 커피가 알코올의 영향을 줄여준다고 착각하지만 사실은 그렇지 않다. 그런 착각은 사람들을 위험한 상황에 빠뜨릴 수 있다. 그러니 에스프레소 마티니에 기운을 북돋아 주는 효과가 있다고 에스프레소가 알코올의 영향을 줄여주거나 없애준다고 생각하지는 말자. 절대 그렇지 않다.

아이리시 커피

필요한 도구

커피 추출 기구

이 오랜 클래식 음료의 기원에 관해서는 많은 논란이 있다. 전설에 따르면 레프러콘(아일랜드 전설에 등장하는 요정-옮긴이)이 만들었다는 말도 있다. 더 믿을 만한 기원은 미국인의 주식인 커피에 아일랜드의 맛을 가미한 음료를 대접해, 자신의 식당을 찾는 미국인들을 환영하고 싶었던 아일랜드 요리사 조셉 셰리든이 개발했다는 설이다. 아일랜드 음료를 처음 맛본다면, 아이리시 커피는 분명 당신을 따뜻하게 환영해줄 것이다!

뜨거운 커피: 240ml

흑설탕: 2티스푼

아이리시 위스키: 45ml

휘핑크림: 장식용

1 아이리쉬 커피 유리잔에 커피와 흑설탕을 넣고 젓는다.

2 위스키를 넣고 또 저어준다.

3 휘핑크림을 원하는 만큼 얹는다.

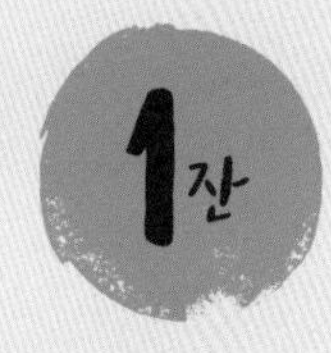

에스프레소 마티니

필요한 도구

에스프레소 추출 기구

칵테일 셰이커, 거름망

칵테일의 세계에서 클래식 마티니보다 더 우아한 칵테일은 없다. V자 모양의 고상한 스템이 붙어있는 유리잔을 손에 들고 있으면 20배는 더 시원하게 느껴질 수밖에 없다. 이제 클래식 커피에 칵테일을 더해 커피 애호가들도 이 시원함을 느낄 수 있다. 보드카와 섞은 에스프레소는 마티니에 부드러움을 더한다. 조언을 하나 하자면, 올리브는 넣지 마시라!

에스프레소(70쪽): 60ml

보드카: 30ml

깔루아 같은
커피 리큐어: 30ml

얼음

에스프레소 원두: 3알, 장식용

1 칵테일 셰이커에 에스프레소, 보드카, 커피 리큐어를 넣고 섞는다. 얼음을 넣고 15초 동안 세게 흔든다. 음료를 거름망에 걸러 차가운 마티니 잔에 따른다. 에스프레소용 원두(사용할 경우)로 장식한다.

레시피 팁 음료를 더 달달하게 만들기 위해 시럽을 추가하는 사람도 있지만 나는 약간 쓸 때가 더 맛있다고 생각한다. 쓴맛이 싫다면, 시럽이나 설탕, 또는 녹인 초콜릿을 넣어본다!

화이트 러시안

필요한 도구

에스프레소 추출 기구

칵테일 셰이커

내가 처음 화이트 러시안을 접한 건 친구들과 함께 이미 저녁식사를 끝내고 난 늦은 시간이었다. 우리는 맛있었던 저녁식사를 멋지게 마무리해줄 달콤한 무언가를 찾고 있었다. 바텐더가 화이트 러시안을 추천해주었는데, 이보다 더 나은 제안은 없었을 것이다. 진한 크림과 보드카를 섞은 커피 리큐어, 화이트 러시안이 근사한 밤의 피날레를 장식해주었다. 화이트 러시안에는 디저트와 커피의 느낌이 모두 있다. 한번 마셔보면 화이트 러시안 재료를 비축해두고 싶어질 것이다.

얼음

에스프레소(70쪽): 60ml

보드카: 60ml

깔루아 같은
커피 리큐어: 30ml

헤비(휘핑)크림: 15ml

1 칵테일 잔을 얼음으로 채운다.
2 칵테일 셰이커에 에스프레소, 보드카, 커피 리큐어를 넣고 섞는다. 잘 섞인 칵테일 음료를 얼음 위에 붓는다.
3 헤비크림을 천천히 음료 위에 얹는다.

레시피 팁 원래 화이트 러시안에는 에스프레소가 들어가지 않는다. 하지만 나는 커피 중독자이기 때문에 화이트 러시안에 에스프레소를 추가했다. 전통적인 화이트 러시안을 즐기려면 에스프레소를 빼거나 에스프레소 대신 리큐어를 넣는다.

멕시칸 커피

필요한 도구

커피 추출 기구

따뜻한 아이스크림이라고? 그렇다! 바닐라 아이스크림과 테킬라, 커피 리큐어를 섞은 멕시칸 커피는 달콤한 저녁을 보내는 데 아주 탁월한 선택이다. 아이스크림의 단맛이 뜨거운 커피 칵테일인 멕시칸 커피의 크리머 역할을 하고, 테킬라는 섹시한 맛을 더해준다! 매주 화요일 타코 먹는 날, 멕시칸 커피를 메뉴에 추가하자.

레시피 팁 **바닐라가 아닌 다른 아이스크림으로 실험을 해봐도 좋지만, 결과가 이상할 수도 있다는 점은 미리 경고한다!**

바닐라 아이스크림: 1/2컵

커피: 240ml

테킬라: 15ml

깔루아 같은
커피 리큐어: 15ml

1. 아이스크림을 유리잔에 넣고 전자레인지에 돌린다.
2. 커피, 테킬라, 커피 리큐어를 넣고 저어서 섞는다.

재미있는 사실 모닝 커피를 두고 배우자나 파트너와 다툰 적이 있는가? 만약 당신이 16세기 콘스탄티노플에서 살고 있고, 남편이 아침에 당신에게 충분한 커피를 제공하지 않았다면, 당신은 법적으로 남편과 이혼할 권리가 있다! 이 예시에서 알 수 있듯, 결혼 생활은 삶에서 가장 중요한 것들을 기반으로 하는 것이다!

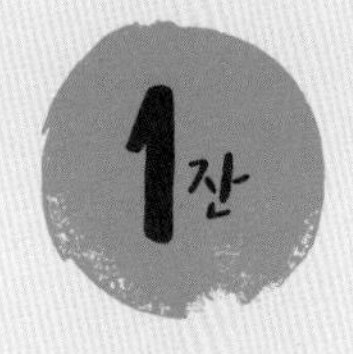

커피 올드패션드

필요한 도구

에스프레소 추출 기구

칵테일 셰이커,
거름망

칵테일의 세계에서 올드패션드는 세월이라는 시험을 견딘 칵테일이다. 폭넓은 지지층을 만족시키는 올드패션드의 매력은 복합적인 맛이 아니라서 맛을 하나도 놓칠 수가 없다는 점이다. 클래식한 칵테일에 클래식한 커피를 더하는 것 말고 칵테일의 맛을 더 좋게 하는 다른 방법이 있을까? 커피 올드패션드는 올드패션드에 커피나 에스프레소를 더하기만 하면 된다(균형 잡힌 맛을 지닌 에스프레소가 제일 좋다고 생각한다).

에스프레소(70쪽)
또는
커피: 60ml

황설탕: 1티스푼

버번 위스키: 60ml

초콜릿 비터스: 1 대쉬

얼음

1. 칵테일 셰이커에 에스프레소와 설탕을 넣고 설탕이 녹을 때까지 저어준다.
2. 버번 위스키와 초콜릿 비터스를 넣고 저어서 섞는다.
3. 얼음을 넣고 15초간 젓는다.
4. 록글래스에 얼음을 채우고, 음료를 거름망에 걸러 얼음 위에 붓는다.

레시피 팁 **맨 위에 레몬 조각을 얹어보자. 미관상 좋을 뿐더러, 레몬이 새콤한 향을 더해줄 것이다.**

필요한 도구

커피 추출 기구

바바리안 커피

바바리안 커피를 특별하게 만드는 건 슈냅스의 민트 향이 커피와 섞이면서 나오는 맛이다. 독일의 바바리아(바이에른)에서 탄생한(이름도 여기서 따왔다) 바바리안 커피는 독특한 바바리안 요리에 잘 어울린다. 다음번에 양배추 절임(사우어크라우트)을 곁들인 독일 소시지를 먹을 때, 바바리안 커피로 마무리하는 것을 잊지 마시라.

커피: 120ml

깔루아 같은
커피 리큐어: 15ml

민트 슈냅스: 15ml

설탕: 1티스푼

휘핑크림: 장식용

1. 머그잔에 커피를 담고 커피 리큐어와 민트 슈냅스, 설탕을 넣고 저어 섞는다.
2. 원하는 양만큼 휘핑크림을 얹는다.

1잔

필요한 도구

콜드 브루 메이커
또는
에스프레소 메이커

칵테일 셰이커,
거름망

버번 커피

버번과 콜드 브루의 따뜻하고 풍부한 향미의 조합, 이보다 완벽할 수는 없다. 버번 콜드 브루는 켄터키 주에서 인기 있는 음료로 휴일에 마시는 클래식한 디저트 칵테일이다. 켄터키 사람들은 제대로 된 버번 커피를 맛보려면 원조 켄터키 버번을 사용해야 한다고 주장할 것이다. 반드시 그럴 필요는 없지만, 켄터키 버번을 사용하면 좀더 특별한 버번 커피를 만들 수 있다는 데는 동의한다.

얼음: 차갑게 하는 용도

콜드 브루(50쪽): 120ml
또는
에스프레소(70쪽): 60ml
(차갑게 식힌 것)

버번: 30ml

헤비(휘핑)크림: 30ml

메이플 시럽: 15ml

시나몬 가루:장식용

1 칵테일 셰이커에 얼음을 채우고, 콜드 브루, 버번, 헤비크림, 메이플 시럽을 넣는다. 칵테일 셰이커를 15초 동안 세게 흔든다.
2 잘 섞인 음료를 거름망에 걸러 유리잔에 따르고 스푼을 이용해 셰이커에 남아 있는 거품을 음료 위에 얹는다.
3 시나몬 가루를 뿌린다.

레시피 팁 칵테일 셰이커가 없더라도 걱정하지 마라. 아무 밀폐용기에 재료를 넣고 흔들어 섞어주기만 하면 된다!

필요한 도구

커피 추출 기구

카페 아모레 칵테일

겨울 칵테일이라고도 불리는 카페 아모레는 분명 당신을 따뜻하게 데워줄 것이다! 고소한 견과류 향과 달콤한 향은 따스한 온기가 필요할 때 추위를 녹여주는 매력적인 존재다.

코냑: 30ml

아마레또 같은
아몬드 리큐어: 30ml

커피: 240ml

휘핑크림: 장식용

아몬드: 장식용(껍질을 깐 것)

1 유리잔에 코냑과 아몬드 리큐어를 넣고 저어 섞는다.
2 커피를 넣는다.
3 휘핑크림을 얹고 원하는 만큼 아몬드를 올린다.

레시피 팁 일부 유행하는 레시피에서는 스모키한 향을 더하기 위해 코냑에 불을 붙이기도 한다. 이를 시도하려면 혼자서는 하지 말고 매우 조심해야 한다.

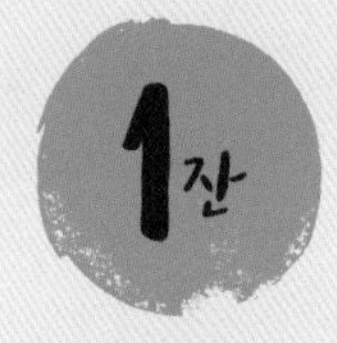

브라질리언 아이스커피

필요한 도구

에스프레소 머신
또는
커피 추출 기구

칵테일 셰이커,
거름망

브라질은 고품질 에스프레소를 생산하기로 유명한데, 브라질 사람들이 만든 에스프레소 음료를 마셔보니 사실인 듯하다. 진한 에스프레소 1샷에 크림, 설탕, 코코넛 럼을 섞으면 훌륭한 남아메리카 스타일의 음료가 된다! 하루에 브라질리언 아이스커피를 5잔은 마시고 싶은 유혹을 느낄 수도 있지만, 그러지는 말자.

조각 얼음

에스프레소(70쪽)
또는
진한 커피: 120ml

말리부 같은 코코넛 럼: 60ml

헤비(휘핑)크림: 60ml

설탕: 1티스푼

1. 유리잔에 얼음을 채우고 옆에 둔다.
2. 칵테일 셰이커에 얼음을 넣고, 에스프레소, 럼, 헤비크림, 설탕을 넣는다. 셰이커의 뚜껑을 닫고 15초 동안 세게 흔든다.
3. 완성된 음료를 거름망에 걸러 얼음이 담긴 잔에 따른다.

레시피 팁 이 레시피에는 헤비(휘핑)크림을 사용하는 게 가장 좋지만, 연유와 우유 또는 아이스크림과 우유를 반반 섞어서 사용해도 좋다!

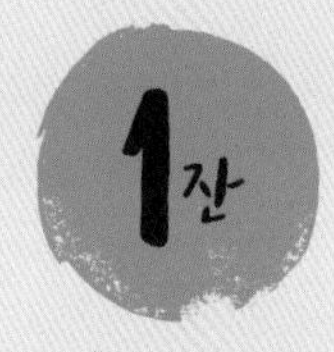

필요한 도구

커피 추출 기구

너티 아이리시맨

너티 아이리시맨과 함께라면 두 번 다시 지루한 성 패트릭의 날을 보낼 일은 없을 것이다! 초록색은 아니지만, 충분히 아일랜드 음료다운 커피다. 디저트로 가장 많이 마시지만, 바에서 찾기 힘들 수도 있다. 아이리시 크림과 위스키의 기분 좋은 맛이 커피의 자연스러운 부드러운 맛과 만나 멋진 저녁시간을 선사한다. 킬트(아일랜드의 전통의상)를 입고 백파이프(전통 악기) 연주를 들으며, 지그(전통 춤)를 추면서, 너티 아이리시맨을 마시길 추천한다.

아이리시 위스키: 45ml

아이리시 크림: 30ml

프란젤리코 같은
헤이즐넛 리큐어: 30ml

커피: 240ml

휘핑크림: 장식용

육두구 분말: 장식용(선택)

1. 머그잔에 아이리시 위스키, 아이리시 크림, 헤이즐넛 리큐어를 넣고 섞는다.
2. 커피를 넣은 다음 저어 섞는다.
3. 휘핑크림을 얹고 육두구 분말을 원하는 만큼 뿌린다.

레시피 팁 이상하게 들리겠지만 물이나 오렌지 주스로 유리잔의 가장 자리를 적시면 음료가 매우 맛있어진다. 그리고 헤이즐넛을 듬뿍 넣으면 약간의 바삭함이 더해진다!

단위 변환표

부피 변환(액체)

미국 표준	미국 표준(온스)	미터법(근삿값)
2테이블스푼	1온스	30ml
1/4컵	2온스	60ml
1/2컵	4온스	120ml
1컵	8온스	240ml
1.5컵	12온스	355ml
2컵 또는 1파인트	16온스	475ml
4컵 또는 1쿼트	32온스	1L
1갤런	128온스	4L

자료

커피 문화와 추출 기술에 대한 더 많은 정보는 아래 웹사이트에서 확인할 수 있다.

- Bluebottlecoffee.com
- Coffeemadebetter.com
- Counterculturecoffee.com
- Sumptowncoffee.com

자료가 더 필요한 사람에게 다음의 책을 추천한다.

- Jessica Easto, 『Craft Coffee: A Manual: Brewing a Better Cup at Home』, Agate Surrey, 2017
- 조던 마이켈먼, 재커리 칼슨, 『커피에 대한 우리의 자세』, BOOKERS(북커스), 2019

참고 문헌

Acorns. "Acorns 2017 Money Matters Report." https://sqy7rm.media.zestyio.com/Acorns2017_MoneyMattersReport.pdf.

Guevara, Julio. "What Is 'Third Wave Coffee' and How Is It Different to Specialty?" Perfect Daily Grind, April 10, 2017. https://www.perfectdailygrind.com/2017/04/third-wave-coffee-different-specialty.

Macmillan, Amanda. "Here's Another Reason to Feel Good About Drinking Coffee." Time, November 13, 2017. https://www.time.com/5022060/coffee-health-benefits-heart.

National Coffee Association. How to Brew Coffee: The NCA Guide to Brewing Essentials. https://www.ncausa.org/About-Coffee/How-to-Brew-Coffee.

Recycling Advocates. "Single-Use Coffee Cup Reduction." Accessed August 19, 2019. www.recyclingadvocates.org/single-use-coffee-cup-reduction.

Wadhawan, Manav, and Ancil C. Anad. "Coffee and Liver Disease." Journal of Clinical and Experimental Hepatology 6, no. 1 (March 2016): 40-46. doi:10.1016/j.jceh.2016.02.003.